Umschlagfotos:
Umschlag der Ausgabe des Österreichischen Agrarverlages: Titelbild: Christa Brand, München; Freisteller und Umschlagrückseite: Daniel Böswirth, Wien

Umschlag der Ausgabe des Eugen Ulmer Verlages: Titelbild: Christa Brand, München; kl. Bild oben und unten und Umschlagrückseite: Wolfgang Redeleit, Bienenbüttel

Bildquellen Inhalt: Thinschmidt: 30, 34, 37, 47, 52, 56, 76, 81, 82 unten; Böswirth: alle übrigen

Impressum

Die Deutsche Bibliothek - CIP-Einheitsaufnahme
Ein Titelsatz für diese Publikation ist bei Der Deutschen Bibliothek erhältlich.

Lektorat: Veronika Schubert, Österreichischer Agrarverlag
Korrektorat: Bettina Jakl-Dresel
Umschlag der Ausgabe des Österreichischen Agrarverlages: armanda.geisler, Wien
Umschlag der Ausgabe des Eugen Ulmer Verlages: Atelier Reichert, Stuttgart
Grafische Gestaltung & Satz: GSB – Graphikdesign Smitty Brandner
Illustrationen: Elisabeth Fritsche
Bildreproduktion: Dominici Werbeagentur
Printed in Germany
Druck und Bindung: aprinta GmbH, Wemding

ISBN (Österreich): 3-7040-1875-9
ISBN (Deutschland): 3-8001-3829-8

Daniel Böswirth • Alice Thinschmidt

Rasenprobleme

erkennen und beheben

Verlag Eugen Ulmer
Österreichischer Agrarverlag

Inhaltsverzeichnis

Inhaltsverzeichnis

Vorwort

Als einzige begehbare Pflanzendecke macht ein Rasen die Benutzung eines Gartens um vieles interessanter. Ob er nun zum Barfußgehen, Liegen, Picknicken, Spielen oder einfach als beruhigend frisches Grün vor der Terrasse gedacht ist, kaum ein Garten kommt ohne ihn aus. Zwischen englischem Zierrasen, Spielrasen und extensivem Landschaftsrasen liegen große Unterschiede in der Pflege und der Zusammensetzung der Gräsermischung. Auch in den immer beliebteren bunten Blumenwiesen spielen die Gräser die Hauptrolle.

Die Erwartungen, die an einen Rasen gestellt werden, sind hoch. Dicht, sattgrün und strapazierfähig soll er sein. Der Pflegeaufwand, um Ansprüche wie diese zu erfüllen, ist allerdings groß. Ein solcher „Wunderrasen" ist nur mit viel Mühe und Arbeit anzulegen und zu erhalten. Das wird oft übersehen und kann Ursache für mögliche Enttäuschungen und Probleme mit dem Rasen sein.

Im Schatten, auf einem steilen, trockenen Hang oder auf stark frequentierten Flächen bleibt ein Rasen weit hinter den Idealvorstellungen zurück. Selbst die unglaubliche Regenerationskraft der Rasengräser hat hier ihre Grenzen. Bevor ein Rasen zum Dauerproblem und ewigen Ärgernis wird, sollte man an Alternativen wie Bodendecker, Blumenwiesen oder einen Pflasterbelag mit großzügigen grünen Fugen denken.

Ein Rasen nimmt sich selbst zurück und stellt nur den Rahmen oder eine ruhige Kulisse im Vordergrund für Beete, Rabatten oder Hecken dar. Der grüne Grasteppich lässt den Blick frei und seine Pflege sollte die Freude am Garten nicht beeinträchtigen. Denn gerade beim Rasen stehen Aufwand und Ergebnis in engem Zusammenhang.

Daniel Böswirth
Alice Thinschmidt
Wien, im Jänner 2002

Der Rasen kann nicht warten

Wer den Samen mit der Hand aussät, braucht Geduld und Zeit, ein Fertigrasen lässt sich hingegen in wenigen Stunden verlegen.

Schon nach zwei Wochen darf der dichte Rasenteppich betreten werden.

Grüner Teppich, dichter Rasen

Rasches Grün ist für viele GartenbesitzerInnen der größte Wunsch nach monatelangem Baustellenchaos. Der grüne, kurz geschorene Teppich ist letzter Schritt und krönender Abschluss zugleich, um aus einem Provisorium erst einen richtigen Garten entstehen zu lassen. Nach dem Säen dauert es bei günstiger Witterung vier bis sechs Wochen bis zum ersten Schnitt. Bespielt darf die Fläche aus jungen Halmen noch nicht werden. Bis sich aus dem ersten grünen Flaum ein gleichmäßiger, dichter und strapazierfähiger Rasen entwickelt hat, vergehen noch Monate.

> **TIPP**
>
> *Um Kosten zu sparen, ist es durchaus sinnvoll, im Garten nur intensiv benützte Bereiche wie rund um eine Terrasse mit Fertigrasen zu verlegen und den Rest anzubauen. Obwohl das hellere Grün des Saatrasens sich anfänglich vom dunklen Sattgrün des Fertigrasens deutlich unterscheidet, sind nach wenigen Monaten keine Unterschiede mehr zu erkennen.*

Ein Fertigrasen hingegen ist schnell verlegt und macht als sattgrüner, dichter Teppich Eindruck. Man erspart sich dabei nicht nur das Nachsäen von mangelhaft entwickelten Stellen, wie es beim händischen Anbauen der Fall sein kann, er ist auch praktisch unkrautfrei.

Quick Play

Bereits nach zwei Wochen kann der verlegte Fertigrasen begangen und nach einer weiteren bespielt werden. Ob im repräsentativen Vorgarten, im Innenhof, um eine Terrasse, als Liege- oder Kinderspielrasen, das sind wertvolle gewonnene Wochen. Fertigrasen lässt sich im großen Stil verlegen, kommt allerdings, verglichen mit dem Aussäen, um ein Vielfaches teurer.

Durch das häufige Schneiden und Wässern des Fertigrasens in den Anzuchtbetrieben bildet sich ein flacher, dichter Wurzelfilz. Mit Spezialmaschinen wird der Rasen vorsichtig abgeschält und rollenweise auf Paletten für den sofortigen Transport hergerichtet. Kleinere Mengen können durchaus mit einem Autoanhänger direkt nach Vorbestellung abgeholt werden. Dabei ist zu beachten, dass 1 m^2 Fertigrasen ein Gewicht von ca. 22 kg hat. Größere Mengen sollten Sie sich besser liefern lassen.

Fertigrasen gibt es zwar in unterschiedlichsten Gräsermischungen wie Zierrasen, Schattenrasen oder Sportrasen, doch auf spezielle Wünsche kann verständlicherweise nicht eingegangen werden, da es sich eben um ein fertiges Produkt handelt.

Bewässerung und Begrenzungssteine

Noch vor der Bodenvorbereitung sollten Sie anhand einer einfachen Checkliste kontrollieren, ob alles verlegt worden ist, was in die Erde gehört. Rohre für ein allfälliges Bewässerungssystem, Stromleitungen für Gartenleuchten, Wasser- und Stromsteckdosen müssen noch vor der Grobplanie in die Erde gebracht werden. Ebenso können Sie, wenn es erforderlich ist, durch das Verlegen von Dränagerohren dafür sorgen, dass der

Boden entwässert und durchlässiger wird. Ausgehobene Gräben sollten schichtweise zugeschüttet und verdichtet werden, um nachträgliche Senkungen zu vermeiden.

Einzelne Sträucher lassen sich jetzt noch zu Gruppen zusammensetzen, was die spätere Rasenpflege erleichtert. Auch alle Bauarbeiten, wie das Pflastern eines Weges oder das Verlegen von Begrenzungssteinen zu Blumen- und Gemüsebeeten, müssen bereits abgeschlossen sein. Häufig wird der Fehler begangen, dass mit dem Verlegen oder dem Anbau des Rasens nicht zugewartet wird. Ob Sie sich nun dennoch für eine Bewässerungsanlage entscheiden und dann erneut aufgraben müssen oder die Fassade noch verputzt wird: Immer geht es zu Lasten des noch jungen Rasens. Die dadurch entstandenen Mängel werden noch lange sichtbar bleiben.

TIPP

Exakt gestochene Rasenkanten geben viel Arbeit. Sehr schön können auch Begrenzungssteine aus Granit oder eine Doppelreihe hochkant gestellter Tonpflasterklinker wirken, die in ein Mörtelbett verlegt werden. Sie verhindern nicht nur den starken Ausbreitungsdrang mancher Stauden, sondern auch das Vergrasen der Beete.

Verlegen eines Fertigrasens

Schritt 1: Entfernen des alten Rasens

Kleine Flächen sind gut mit einem Spaten knapp unter der alten Rasennarbe flach abzutragen, ehe sie gefräst oder händisch gelockert werden können. Bei größeren Flächen ab 100 m^2 lohnt sich das Abnehmen der Narbe kaum.

Eine nicht ganz unumstrittene Möglichkeit ist der Einsatz von geeigneten Herbiziden mit Wartezeit. Sie können entweder mit der Gießkanne oder mit einer Rückenspritze ausgebracht werden. Nicht gespritzt oder gegossen darf bei Regen oder herannahendem Regen werden, weil so das Mittel, statt auf die Blätter einwirken zu können, in den Boden gewaschen wird. Ebenso kontraproduktiv ist das Mähen vor dem Spritzen, weil der Wirkstoff über die Blätter aufgenommen wird und ein Schnitt die Blattoberfläche verkleinert.

Beim Anrühren der Spritzbrühe müssen die genauen Angaben des Herstellers befolgt werden, um Komplikationen, Flurschäden oder Misserfolg vorzubeugen. Alle verwendeten Geräte sind danach sorgfältig mit Wasser zu reinigen. Schlecht ausgewaschene Gießkannen mit Herbizidrückständen können beim nächsten Gießen böse Überraschungen bringen, da das Herbizid nicht nur Rasen vernichtet.

Sobald der alte Rasen etwa nach 14 Tagen braun geworden und abgestorben ist, kann mit dem Fräsen begonnen werden. Nach Verstreichen der Wartefrist sind Spätfolgen des Herbizides für den Rasen ausgeschlossen, da das Mittel abgebaut und unwirksam geworden ist.

Es hat sich allerdings in der Praxis gezeigt, dass es eine einfache und umweltschonende Methode ist, den alten Rasen zu fräsen, anschließend ausdorren zu lassen und die Rasensoden schließlich abzurechen.

Wer sich mit der Verwendung von Gift im Hausgarten nicht anfreunden kann, sei auf das Abflämmen mit speziellen Geräten hingewiesen. Die kurzzeitige Hitzeentwicklung reicht aus, um das Gewebe der Pflanzen zu zerstören. Der klassische Einsatzort ist jedoch nicht der Rasen, sondern z.B. Kieswege, um sie von Gras und anderem Bewuchs ohne Einsatz von

Tipp

Wenn Sie beim alten Rasen mit Schädlingen zu tun hatten, ist vor dem Verlegen des Fertigrasens der beste Zeitpunkt, den noch im Boden befindlichen Tieren mit Hilfe von Nützlingen zu Leibe zu rücken. Verschiedene Nematoden (Fadenwürmer) parasitieren Wiesenschnaken, Gartenlaubkäfer, Junikäfer, Maikäfer und Maulwurfsgrille. Die bei Spezialfirmen als Granulat oder Gel eingekauften Nützlinge werden in Wasser aufgelöst und in einer Menge von 500 000 bis einer Million Stück pro Quadratmeter durch Gießen ausgebracht. Tritt ein Befall bei bestehendem Rasen auf, so müssen die Nematoden direkt daraufgegossen werden.

Gift und schneller als mit Handarbeit freizuhalten.

Schritt 2: Fräsen und Bodenverbesserung

Der Boden soll weder zu feucht noch zu trocken sein. Besonders schwere Böden mit hohem Lehm- und Tonanteil haben die ungünstige Eigenschaft, bei Trockenheit steinhart und bei Nässe schmierig zu werden, was die Bodenbearbeitung erschwert. Solche Böden können durch gewaschenen Quarzsand (Körnung: 0 bis 2 mm, 0 bis 4 mm) etwas aufgelockert werden. Das Einmischen von Sand erfolgt am besten dadurch, dass der Sand erst großflächig verteilt und danach eingefräst wird. Mit der obersten Bodenschichte (10 bis 15 cm) kann er bis zu einem Verhältnis von 1:1 gemischt werden.

Ausgelaugte, sandige Böden können hingegen gut mit reifer, gesiebter Komposterde aufgebessert werden.

Tipp

Das Fräsen des Bodens oder andere grobe Erdarbeiten können Sie Fachfirmen überlassen, die dafür die geeigneten Maschinen haben.

Die Feinplanie oder das Verlegen des Fertigrasens kann durchaus selbst gemacht werden.

Fräsen ist für die oberflächliche Bodenlockerung wichtig.

Schritt 3: Bestellen

Kurz nach dem Fräsen oder händischen Bodenlockern und vor der Feinplanie ist der beste Zeitpunkt, den Fertigrasen zu bestellen. Meist dauert es von der Bestellung bis zur Lieferung weniger als 48 Stunden.

Wurde die Fläche bereits gefräst und sauber abgezogen und lässt dann die Lieferung doch länger auf sich warten, kann ein sturzbachartiger Gewitterregen alle Arbeit zunichte machen. Bestellungen mehr als drei Tage im Voraus sind auch deswegen ungünstig, weil sich die Wetterlage schlecht abschätzen lässt.

Ist der Fertigrasen endlich geliefert, muss er binnen kurzer Zeit, auch bei Schlechtwetter, verarbeitet werden. Liegt er länger als zwei Tage eingerollt auf der Palette, so ist immer mit Schäden durch Fäulnis zu rechnen.

Die handlichen Rollen zu je 1 m^2 mit den Maßen 40 x 250 cm haben sich durchgesetzt, obwohl auch andere Rollengrößen erhältlich sind. Die Großrollen bis zu 24 m^2 haben zwar den Vorteil, dass beim Verlegen weniger Fugen entstehen und dadurch auch die Austrocknungsgefahr vermindert wird. Sie sind aber auf Grund ihres hohen Eigengewichtes praktisch nur maschinell zu verlegen.

Am besten schreitet man das Gelände mit einem Maßband ab und zerteilt die zu vermessende Fläche in Dreiecke und Rechtecke. Durch das Addieren der Einzelflächen kommen Sie auf einen möglichst genauen Schätzwert, zu dem weitere 5% Verschnitt gerechnet werden. Bei komplizierten Flächen mit vielen Ein- und Ausbuchtungen müssen Sie etwa mit 7% oder sogar etwas mehr Verschnitt rechnen.

Die Rollen werden auf Paletten geliefert und sollten auf einem möglichst schattigen, windgeschützen und kühlen Platz (z.B. unter einem Baum) zwischengelagert werden. Ein Bewässern oder Abdecken der Rasenrollen mit einer Plane ist der Qualität des Fertigrasens abträglich. Verlegt kann von März bis Oktober werden, solange die Witterung ein Anwachsen des Rasens noch zulässt.

Schritt 4: Grobplanie

Bevor jedoch mit der Feinplanie nach dem Fräsen begonnen werden kann, sollten grobe Unebenheiten wie Senken und Hügel mit Schaufel und Schubkarren ausgeglichen werden. Senken sehen nicht nur unschön aus, es sammeln sich in ihnen auch Regenwasser und Schnee im Winter, was den Rasen an diesen Stellen erheblich schädigen kann.

Wo der Boden durch schwere Baumaschinen verdichtet worden ist, empfiehlt es sich, noch einmal zu fräsen und davor tiefgründig zu lockern. Das kann bei kleinen Anlagen und geringerer Verdichtung mit einer Spitzhacke, bei größeren entweder mit einem Pflug oder mit einer Baggerschaufel geschehen, mit deren Hilfe die verhärteten Bodenschichten noch einmal aufgerissen werden.

Dort, wo Erde fehlt, wird angeschüttet. Hier sollte man sich nur die beste Grunderde mit einem nicht zu hohen Ton- oder Lehmgehalt liefern lassen. Schnell verdichtende Lehm- und Tonböden bieten für das Wachstum der Rasengräser ausgesprochen schlechte Bedingungen.

Die Rasenflächen sollten auch immer ein leichtes Gefälle (etwa 2 % = auf 1 m Länge 2 cm Höhendifferenz) von Terrasse oder Haus haben, um nach schweren Regenfällen Überschwemmungen vorzubeugen.

TIPP

Im Schatten auf Erde oder besser auf einer gepflasterten oder betonierten Fläche ausgerollt und ausreichend bewässert kann der Fertigrasen ein, zwei Wochen zwischengelagert werden. Wurzeln die Bahnen einmal auf Erde an, so lassen sie sich nicht mehr ohne Beschädigung einrollen.

Ein Hubwagen erleichtert die Arbeit auf befestigten Wegen ungemein. So kann der auf Paletten gelieferte Fertigrasen direkt von der Straße dorthin gefahren werden, wo er benötigt wird. Dem schnellen Grün steht nun nichts mehr im Wege.

Schritt 5: Feinplanie
Alte Rasensoden müssen ebenso wie größere Steine oder Wurzeln mit einem Abziehrechen herausgeholt und mit einem Schubkarren abtransportiert werden.

Zum Planieren von Senken empfiehlt es sich, sofern man selbst über kein geeignetes Material verfügt, fein gesiebte, gute Gartenerde zu bestellen und damit die unebenen Stellen auszugleichen. Diese Methode erleichtert die Arbeit vor allem dann, wenn es sich um einen Boden mit vielen Steinen oder schlecht zerfallenden Erdklumpen handelt, der sich nur schwer rechen lässt. Die Feinplanie muss nicht in einem Zug gemacht werden, sondern kann Stück für Stück vor sich gehen. Oft ist es aus Platzmangel in kleinen Gärten leichter, Teilflächen nacheinander abzurechen und zu verlegen.

Schritt 6: Verlegen
Es empfiehlt sich, die ersten Bahnen bei der Terrasse, entlang eines Weges oder an einer anderen gerade verlaufenden Kante auszurollen. Halten Sie dabei den Verschnitt so gering wie möglich und beginnen Sie bei rechteckigen Flächen am besten entlang der längsten Seite zu verlegen. Die Rollen können gut mit dem Schubkarren verführt werden, ein Weg aus Brettern verhindert Trittspuren im feinplanierten Boden oder auf dem Rasen.

Für die Feinplanie eignet sich ein Abziehrechen am besten. Das Niveau sollte um die Stärke der Erdschichte des Rollrasens, also etwa 1 bis 2 cm unter der Wegkante liegen, damit Bodenoberkante des Rasens und Pflaster auf gleicher Höhe sind.

In der Praxis hat sich die Arbeitsteilung zwischen einem Zuträger und einem Verleger bewährt. Bahn für Bahn wird der Fertigrasen ausgerollt. Die einzelnen Bahnen müssen dicht Stoß an Stoß nebeneinander ohne Zwischenräume und versetzt wie beim Läuferverband einer Ziegelmauer liegen.

Bei einer Böschung mit einer Neigung von über 20° sollte immer von unten nach oben und quer zum Hang gearbeitet werden. Durch ihr Eigengewicht drücken sich die Rasenrollen ohne Fugen aneinander. Mit 5 mm starken Spänen aus Weichholz, die abgemäht werden können, kann man sie zusätzlich gegen das Abrutschen sichern.

Der Rasen lässt sich sehr gut mit einem Stanleymesser (Tapetenmesser, auch altem

Küchenmesser) schneiden, auch wenn die Klingen durch die Erde relativ schnell stumpf werden. Eine Packung Reserveklingen sollte daher immer griffbereit liegen.

Für heikle Stellen wie das Ausschneiden eines Loches für einen Versenkregner oder unregelmäßige Wegabschlüsse, die einen sorgfältigen und genauen Zuschnitt verlangen, sollte man sich genügend Zeit lassen. Ein Flickwerk, aus vielen kleinen Stückchen zusammengesetzt, wächst nur ungenügend an. Das liegt daran, dass die feucht gelieferten Rasenbahnen bei Trockenheit schrumpfen. Beim Gießen werden manche Ecken leicht übersehen und aus dem Flickwerk wird bald ein grünes Mosaik mit braunen Rändern.

Die Rasenkanten und Übergänge zu einer Hecke oder einem Beet sollten nicht Bahn für Bahn extra geschnitten werden, weil dabei selten eine gerade oder elegant geschwungene Linie erreicht wird. Sie werden beim Verlegen vorerst nur provisorisch mit genügend Spielraum abgeschnitten. Sind einmal die gesamten Bahnen gelegt worden, so lassen sie sich am Schluss alle auf einmal in einem Zug schneiden. Schwünge müssen manchmal nachgeschnitten werden, um die gewünschte Kurve zu bekommen. Eine Gerade lässt sich am besten mit einer langen Alulatte oder einem Brett als „Lineal" schneiden.

Größere Rasenreste, die übrig geblieben sind, eignen sich gut zum Ausbessern mangelhafter Stellen eines bestehenden Rasens. Kleinere Reste können ohne weiteres kompostiert werden.

Anschlüsse an Wege müssen genau verlegt werden, denn Zwischenräume trocknen leicht vom Rand her ein und verursachen später hässliche, braune Streifen.

Tipp

Manche Rasenbahnen sind beim Transport, bei der Lagerung oder der Ernte beschädigt worden. Sie können als zweite Wahl im hinteren Bereich des Gartens oder zum Stückeln herangezogen werden.

Schritt 7: Walzen

Das Walzen nach dem Verlegen ist wichtiger, als viele meinen. Die Bahnen werden an den Boden angedrückt und die Wurzeln des Rasenfilzes können rascher in die Erde eindringen. Lässt man diesen Arbeitsschritt aus, wäre zu befürchten, dass Teile der Wurzeln durch den schlechten Bodenkontakt vertrocknen und braune Flecken im Rasen entstehen lassen.

Geeignet sind Holzwalzen oder mit Wasser zu befüllende Kunststoff- bzw. Metallwalzen, wie sie auch für den Rasenanbau verwendet werden.

Schritt 8: Wässern

Das abschließende Einwässern des Rasens muss gründlich geschehen. Zur Kontrolle wird der Fertigrasen an verschiedenen Stellen einfach hochgehoben. Die Erde darunter sollte „quatschig" und der gesamte Boden spatentief durchfeuchtet sein.

Besondere Vorsicht ist bei einer automatischen Bewässerungsanlage geboten. Meist beregnet die neue Anlage noch unzureichend und es bleiben Flecken trocken. Tückischerweise finden sich solche Stellen im „Regnerschatten" hinter Baumstämmen oder bei unzureichender

Es ist ausreichend, wenn über die Rasenfläche einmal der Längsseite und einmal der Breitseite nach gewalzt wird. „Brettschuhe" sind dabei nicht unbedingt notwendig, haben aber den Vorteil, keine Trittspuren auf dem Rasen zu hinterlassen.

Überschneidung von Regnerkreisen. Aus diesem Grund ist eine erste gründliche Wässerung von Hand zu empfehlen.

Je nach Jahreszeit muss dann bis zur Einwurzelung des Rasens für genügend Feuchtigkeit gesorgt werden. Der Boden sollte dabei nie austrocknen. Nach etwa einer Woche lässt sich der Rasen nicht mehr abheben. Nach zwei weiteren Wochen sollte er bei warmer Witterung so fest verwurzelt sein, dass er bespielbar ist. Packt man den Rasen beim „Schopf“, so darf er sich nicht mehr als Matte vom Boden lösen, sondern muss fest verankert bleiben.

Bei kalter Witterung im Frühjahr oder Herbst dauert die Einwurzelung des Rasens etwas länger als im Sommer.

Pflege des Fertigrasens

Der erste Schnitt erfolgt nach etwa 10 Tagen. Dabei sollten die Halme nur um ein Drittel gekürzt werden. Früheres Schneiden birgt die Gefahr, dass ein Sichelmäher schlecht verwurzelte Bahnen lockert.

Ansonsten unterscheidet sich der Fertigrasen, wenn er einmal verlegt und angewachsen ist, in der weiteren Behandlung nicht von einem herkömmlichen Saatrasen. Mähen, Vertikutieren, Düngen, Bewässern und andere Arbeiten bleiben gleich. Nur der Start war ein bisschen schneller.

Häufige Fehler

Schlampig verlegte Bahnen, die zudem noch unzureichend bewässert worden sind, zeigen schon bald braune Trockenränder. Ähnliche Probleme können aber auch bei fachgerecht verlegten Bahnen im abschüssigen Gelände auftreten. Durch ihr Eigengewicht kommt es zu ungewollten Verschiebungen und kleineren oder größeren Spalten.

Breitere „Fugen“ sollten mit einem Gemisch aus Gartenerde und Quarzsand (1:1) aufgefüllt werden, damit sich bald eine geschlossene Rasendecke bilden kann. Frisch aufgeschüttetes Erdreich unterliegt noch Setzungen. Wer in aller Eile darüber einen Rollrasen breitet, darf sich nicht wundern, wenn daraus keine ebene Fläche, sondern eine „Buckelpiste“ wird.

Der neueste Trend: erdloser Rasen

Manchmal zeigen sich trotz fachgerechter Verlegung gelbe und braune Flecken im Rasen. Das kann an den unterschiedlichen Bodentypen liegen: Der Boden, auf dem der Rasen beim Hersteller angebaut wurde, ist manchmal im pH-Wert oder der Nährstoffverfügbarkeit vom endgültigen Gartenboden so verschieden, dass die Wurzeln nur ungenügend weiterwachsen können.

Um dem entgegenzuwirken, haben viele Anzuchtbetriebe auch erdlosen Fertigrasen im Angebot. Aus dem „geernteten“ Fertigrasen wird das Substrat herausgewaschen und das lose Wurzelgeflecht bleibt übrig. Die Bahnen sind nicht nur halb so schwer wie herkömmliche mit Anzuchtsboden, sie wurzeln auch schneller an. Mehr noch als im Garten werden sie auf Golfgreens, in Fußballstadien oder bei Tennisplätzen verwendet. Ohne Erde als Feuchtigkeitsspeicher trocknen sie jedoch auch schneller aus. Ein Anfeuchten der obersten Matten auf der Palette mit einer feinen Brause ist möglich. Erdlose Rollen sind etwas teurer als herkömmlicher Fertigrasen.

Der Rasen geht nicht auf

Nicht immer liegt die Schuld beim Rasensaatgut. In der heiklen Periode zwischen dem Säen und dem ersten Schnitt können unterschiedliche Probleme auftreten, die sich mit dem nötigen Wissen leicht vermeiden lassen.

Saatgut und Keimfähigkeit

Ein im Fachhandel (Gartencenter, Saatgutfirma) gekaufter Rasensamen (Qualitätsmischung aus Rasenzuchtgräsern) unterliegt einer strengen Kontrolle und muss laut Saatgutverkehrsgesetz gewisse Mindestanforderungen erfüllen. Sortenreinheit, Keimfähigkeit, Feuchtigkeitsgehalt und Fremdartenanteil werden überprüft. Bei unsachgemäßer Lagerung des Saatgutes, wie zum Beispiel in einem feuchten Keller, kann es rasch an Keimfähigkeit verlieren. Übrig gebliebene Reste überdauern Jahre, wenn sie trocken, lichtgeschützt und kühl gelagert werden. Eine Garage oder ein Geräteschuppen sind ideale Lagerplätze. Um sich den Ärger zu ersparen, eine größere Fläche zweimal anbauen zu müssen, weil die alte Saat nur mangelhaft oder gar nicht keimt, sollte ihre Keimfähigkeit vorher auf einem Probefleck getestet werden.

Keimung

Der Aufgang der Rasensamen hängt nicht nur von Faktoren wie Wasser und Temperatur ab. Lichteinwirkung und Sauerstoffversorgung beeinflussen die Keimung ebenfalls. Ausreichende Feuchtigkeit ist zum Quellen des Samens notwendig. Liegt er in trockener Erde, so kann mit dem Bewässern zugewartet werden, bis es zum ersten Mal regnet, um in der sommerlichen Hitze ein gleichmäßiges Feuchthalten des Bodens zu erleichtern. Denn nach dem Regen oder dem ersten Gießen muss der Boden stets feucht gehalten werden, damit der Keimling nicht vertrocknet. Auch zu viel Wasser kann schaden. Ein ständig nasser Boden enthält nur wenig Luft. Das einsickernde Wasser verdrängt die Luft aus den vielen kleinen Hohlräumen. Stauende Nässe bietet ideale Bedingungen für Pilzinfektionen der Keimlinge.

Vergleich der Keimlinge nach zwei Wochen: Deutsches Weidelgras (Lolium perenne), Rotschwingel (Festuca rubra commutata), Wiesenrispe (Poa pratensis), Rotes Straußgras (Agrostis capillaris)

Neben Feuchtigkeit und Sauerstoff ist eine Mindesttemperatur von 5 °C notwenig. Günstige Temperaturen liegen zwischen 16 und 21 °C. Am schnellsten keimt unter solchen idealen Bedingungen das Deutsche Weidelgras *(Lolium perenne)*, das auch unter dem Synonym Englisches Raygras bekannt ist. Schon in der ersten Woche sind die zarten, grünen Spitzen ihres einzigen Keimblättchens zu erkennen. Nachzügler ist die Wiesenrispe *(Poa pratensis)* mit einer Keimdauer von 10–24 Tagen.

Zierrasenmischungen enthalten kein breitblättriges Deutsches Weidelgras, sondern feinere Gräser wie das Rote Straussgras *(Agrostis capillaris)*, das ebenfalls länger zum Auflaufen der Saat benötigt. Zierrasen keimt daher deutlich langsamer als ein Gebrauchs- oder Spielrasen mit einem hohen Anteil an Deutschem Weidelgras.

Da die meisten Gräser zu den Lichtkeimern zählen, benötigen sie Sonnenlicht zur Keimung. Einerseits ist eine seichte Abdeckung des Samens zum Schutz vor Wasser- und Windabtrag notwendig, andererseits ist ein zu tiefes Einarbeiten des Samens oft an ungenügender Keimung schuld. Der Samen sollte nicht tiefer als 5 mm in den Boden eingerecht und die Fläche nachher angewalzt werden, um einen guten Bodenschluss zu gewährleisten.

Ihr Rasen geht nicht oder nur ungenügend auf? Mögliche Ursachen:

- Fehler beim Säen: Auf hellen Böden (Lössböden, Sandböden) sind die Samen schlecht zu sehen und ein gleichmäßiges Anbauen schwierig; hier wäre es besser, mit einer Sämaschine oder dem Saatwagen anzubauen.
- Saatwagen ist verstopft: Anbau bei Nieselregen kann dazu führen, dass der feucht gewordene Samen verklumpt, was ein gleichmäßiges Ausstreuen verhindert.
- Niedrige Temperaturen unter 5 °C.
- Samen zu dick abgedeckt: Es folgt keine Keimung oder der Keimling stirbt unter der Erde ab.
- Starker Wind: Nicht nur die Samen werden verblasen, steter Wind kann auch die aufkeimende Saat durch Austrocknung erheblich schädigen.
- Gewitter und Regengüsse: Heftige Niederschläge verschwemmen die Samen und die leer gewaschenen Stellen bleiben kahl.
- Trockenheit: Vor allem in der heiklen Phase zwischen dem Quellen des Samens und der Bildung der Adventivwurzel und des ersten Blattes, das mit freiem Auge kaum sichtbar ist, führt Trockenheit zum Absterben des Keimlings.
- Andauernde Nässe: Pilzinfektionen wie zum Beispiel Grauschimmel, die den Keimling zum Absterben bringen, sind eine mögliche Folge.
- Ungenügende Bodenvorbereitung: Bei verdichtetem Boden liegt der Samen oben auf, hat keinen ausreichenden Bodenkontakt, keimt entweder nicht oder der Keimling vertrocknet.
- Vögel: In größeren Scharen können Tauben oder Sperlinge die ausgebrachte Saatgutmenge empfindlich dezimieren – bei kleinen Flächen eventuell Netze spannen.
- Saatgut war nicht mehr keimfähig.

Dass der Rasen nicht exakt gleichmäßig aufgeht, ist nicht weiter schlimm. In jeder neu angebauten Anlage gibt es Stellen, wo mehr, und andere, wo weniger Gräser pro Quadratmeter keimen. Der Rasen steht noch am Beginn seiner Entwicklung. Erst später beginnt aus den Ausläufer und Horst bildenden Gräsern eine dichte Rasennarbe zu entstehen. Kahle Stellen sollten sofort nachgesät werden, damit sie nicht zu Eingangspforten für Unkräuter werden.

Neuanlage des Rasens

Ist der Rasen derart beschädigt oder verunkrautet, dass eine sinnvolle Sanierung praktisch aussichtslos erscheint, so sollten Sie sich zu einer Neuanlage entschließen. Der günstigste Zeitpunkt dafür wäre ein feuchter Spätsommer oder der frühe Herbst. Der Boden ist noch warm und die Gefahr von übermäßiger Hitze und Trockenheit ist im Herbst gering. Im Frühjahr und Hochsommer sind die angebauten Flächen wegen längerer Trockenheit oft nur schwer gleichmäßig feucht zu halten.

Idealaufbau eines Bodenprofils mit Dränageschicht und Rasentragschicht

Schritt 1: Entfernen des alten Rasens und tiefgründige Lockerung
Zunächst muss der bestehende Rasen wie auf Seite 12 beschrieben entfernt und der Boden mit Spaten oder Pflug tiefgründig gelockert werden.

Schritt 2: Bodenverbesserung
Bei Neuanlagen besteht die Möglichkeit, die Rasentragschicht gründlich zu verbessern. In schweren, verdichteten Böden sollte man unbedingt gewaschenen Quarzsand der Körnung 0 bis 2 mm oder 0 bis 3 mm einbringen, um den Boden durchlässiger zu machen. Damit der Sand Wirkung hat, braucht es je nach Zustand des Bodens allerdings größere Mengen. Bei schweren Böden muss man etwa mit 50 kg Sand pro Quadratmeter rechnen. So kommen auf eine mittlere Rasenfläche von 200 m^2 10 t (!) Sand.

Schotterböden mit einem hohen Anteil an Steinen sind nur schlecht abzurechen. Schon der nächste heftige Regen wäscht die dünne Erd-

schicht ab und die Steine blitzen wieder an der Oberfläche. Wird darüber einfach Rasen angebaut, so kann sich keine geschlossene Rasennarbe bilden. Solche Böden sind meist auch wegen ihres geringen Humusanteiles nährstoffarm und trocken. Hier sollten Sie bei einer Neuanlage eine etwa 10 cm dicke Schichte nährstoffreicher, durchlässiger Gartenerde zur Verbesserung des bestehenden Bodens auftragen.

Manche Betriebe, die Komposterde anbieten, vertreiben auch Grunderde-Kompost-Quarzsand-Mischungen (1:1:1). Die Qualität solcher Mischungen ist leider sehr unterschiedlich, Samenunkräuter sollten sich bei guter Verrottung in Grenzen halten. Rasch wüchsige Ackerunkräuter wie Melde (*Atriplex*-Arten) oder Fuchsschwanz (*Amaranthus*-Arten) können in der Grunderde beim Auflaufen der Saat Probleme bereiten, weil sie sich schneller als Ziergräser entwickeln und ihnen Wasser, Platz und Licht streitig machen. Einkauf von Erde ist in erster Linie Vertrauenssache. Erdbaufirmen bieten meistens jenen Boden an, der ihnen durch Grabarbeiten gerade zur Verfügung steht. Wenn Sie mit der Neuanlage etwas warten können, wäre es sinnvoll, vor dem Kauf eine Bodenprobe in einer Umwelt- oder Versuchsanstalt durchführen zu lassen. (Adressen siehe Anhang). Sie gibt Aufschluss darüber, ob die Erde zum Aufbau einer neuen Rasentragschichte geeignet ist.

TIPP

In den Saatpackungen schwimmen nach langer Lagerung und Transport Gräserarten mit großen Samen oben auf und kleine setzen sich am Boden ab. Um eine gleichmäßige Durchmischung des Rasensaatgutes zu erzielen, rühren Sie die Packung vor dem Säen noch einmal mit den Händen kräftig durch.

TIPP

Beim Hausbau sollten Sie schon beim Kelleraushub darauf achten, dass die oberste, humusreiche Erdschichte (der „A-Horizont" oder Oberboden) abgetragen und in einem Wall an einem freien Platz nicht höher als etwa 1,5 bis 2 m aufgeschüttet wird. Um das Bodenleben in der Zwischenzeit zu schonen, ist es ungemein wichtig, eine Gründüngungsmischung darauf anzubauen. Die natürliche Pflanzendecke sorgt für die wichtige Beschattung des Bodens.

Schritt 3: Grobplanie

Mit Schubkarren und Schaufel (oder in größeren Anlagen mit der Planierraupe) wird das Gelände modelliert. Künstlich angelegte Hügel sehen in kleineren Gärten meist nicht gut aus und sind auch in der Pflege problematisch. Um Flächen schön eben zu bekommen, sollten Sie Holzpflöcke entlang der gewünschten Höhenlinien als Richtmarken schlagen. Das Gefälle muss mindestens 2% (2 cm Höhendifferenz pro 1 m Länge) haben und vom Haus wegweisen. Falls die Terrasse oder ein Weg erst gepflastert werden muss, so ergibt sich, je nach Aufbau des Belages,

ein vorläufiger Höhenunterschied. Stützbretter, die auf die endgültige Höhe des Pflasters ausgerichtet und befestigt werden, helfen, einen sauberen Abschluss zu erzielen.

Ideal wäre es, wenn die Fläche vor dem Rasenanbau einige Zeit ungenutzt liegen bleiben könnte. Wurzelunkräuter, die bei der späteren Aussaat Probleme bereiten würden, sind jetzt noch leichter mit all ihren Teilen aus dem Boden zu entfernen. Auflaufende Unkräuter sind einfach mit Hacke, Rechen oder Flämmgerät in den Griff zu bekommen. Außerdem sind Senkungen, die es praktisch auf jedem frisch angeschütteten Boden gibt, jetzt noch leicht zu beseitigen.

Schritt 4: Fräsen und Feinplanie

Das Fräsen der Fläche bewirkt, dass der Boden gut gelockert und krümelig wird. Nach dem Fräsen folgt das Abziehen mit einem Planierrechen. Von einer Seite ausgehend recht man Steine, Wurzelteile und grobe Erdschollen heraus. Ist der Boden trotz des Fräsens immer noch recht grobschollig, so schafft gekaufte, gesiebte Gartenerde an besonders schlecht zu rechenden Stellen Abhilfe.

Mit dem Schubkarren verführt und in einer Schichtdicke von 2-3 cm aufgetragen, werden die Unebenheiten einfach überdeckt. Einen Startdünger vor dem Säen auszubringen ist für die jungen Graspflanzen nicht unbedingt notwendig.

Beim Saatwagen reicht es, das Saatgut in zwei Portionen aufzuteilen und nur einmal überkreuzend zu gehen. Es sollte darauf geachtet werden, dass die Aussaatbahnen etwa 10 cm überlappen, um einen schönen, dichten Rasen zu bekommen.

Um eine möglichst gleichmäßige Aussaat mit der Hand zu erzielen, teilen Sie die Saatmenge in vier gleich große Portionen auf. Die Fläche wird, wie auf der Skizze zu sehen, viermal besät.

Schritt 5: Säen und Einrechen

Natürlich kann auch die gesamte Fläche in nur einem Durchgang besät werden, doch führt das durch die ungleichmäßige Ausbringung meist zu einem sehr fleckenhaften Auflaufen der Saat. Die auszubringende Saatmenge liegt zwischen 20 und 30 g pro Quadratmeter.

Zu dichtes Säen ist für die Bildung eines dichten Rasens nicht förderlich. Die Gräser benötigen für die Bestockung, also für die Entwicklung der Seitentriebe, Licht, das ihnen bei zu dichtem Stand fehlt. Nach dem Säen werden die Samen mit dem Rechen leicht (nicht tiefer als 5 mm) eingearbeitet. So wird ein Großteil der Samen mit Erde bedeckt, der Rest bleibt oben liegen.

Schritt 6: Bodenschluss und Bewässerung

Mit einer Rasenwalze wird nun die angebaute Fläche angedrückt. Das ist ungemein wichtig, denn nur so kommt es zwischen dem Samenkorn und dem Boden zu jenem Bodenschluss, der für die Keimung nötig ist. Am besten eignet sich dafür eine Gitterwalze, doch sind mit Wasser befüllbare Walzen oder Vollholzwalzen auch gut zu verwenden.

Der Boden sollte trocken sein, da sonst Samen und Erde an der Walze kleben bleiben. Nach dem ersten Bewässern muss der Boden stets feucht gehalten werden. Es ist bei sommerlicher Hitze besser, täglich mehrmals in

Ausläufer bildendes Gras *Horst bildendes Gras*

kleineren Wassergaben mit einem feinen Brausekopf oder Regner zu bewässern, anstatt große Wassermengen auf einmal auszubringen. Das verhindert ein Zusammenschwemmen des Saatgutes.

Schritt 7: Der erste Schnitt
Wenn das frisch gekeimte Gras etwa 10 cm hoch ist, muss erstmals gemäht werden. Dabei sollten nur 1–2 cm der Blattspitzen entfernt werden. Wurzelwachstum und Bestockung der Gräser werden durch das Kürzen der Spitzen gefördert. Schritt für Schritt wird die Mähhöhe bei den darauf folgenden Schnitten gesenkt, bis die erwünschte Tiefe von 3 bis 4 cm bei einem Gebrauchsrasen erreicht ist.

Unterschiedliche Samengrößen der Gräser von links oben im Uhrzeigersinn: Deutsches Weidelgras (*Lolium perenne*, 1g = ca. 800 Korn), Rotschwingel (*Festuca rubra commutata*, 1g = ca. 1.000 Korn), Rotes Straußgras (*Agrostis capillaris*, 1g = ca. 15.000 Korn), Wiesenrispe (*Poa pratensis*, 1g = ca. 3.300 Korn)

Die wichtigsten Gräser im Rasen

Um auch die richtige Rasenmischung auswählen zu können, müssen Sie sich vorerst über Standort, Pflegeaufwand und Benützung im Klaren sein (mehr dazu auf Seite 33). Um einen groben Einblick über Gräserarten zu geben, werden hier die vier wichtigsten Vertreter ihrer Gattungen, die in mehr als 90 % aller Mischungen enthalten sind, beim Namen genannt. Von ihnen gibt es jeweils Unterarten und zahlreiche Sorten, die für spezielle Ansprüche gezüchtet wurden.

Deutsches Weidelgras, Englisches Raygras *(Lolium perenne)*
Es keimt schnell, wächst rasch und benötigt daher viel Wasser, Nährstoffe und intensivere Pflege. Die Blätter sind ziemlich breit, zäh und damit sehr belastbar. Wegen seiner guten Regenerationsfähigkeit ist es praktisch in jedem Spiel- und Gebrauchsrasen enthalten. Das Deutsche Weidelgras gehört zu den Horst bildenden Gräsern und ist in unzähligen Sorten im Handel. Bei geeignetem Standort und starker Belastung des Rasens verdrängt es feinblättrige Arten.

Rotschwingel *(Festuca rubra commutata)*
Das feine Gras entwickelt sich am Anfang relativ rasch und verdrängt dadurch aufkeimende Unkräuter. Es gibt neben *F. r. commutata* auch andere Unterarten vom Rotschwingel, die vor allem in Zierrasenmischungen enthalten sind, weil sie eine dichte, sehr feine Narbe bilden. Es ist relativ unempfindlich gegen Trockenheit und gilt als anspruchslos.

Wiesenrispe *(Poa pratensis)*
Als junges Pflänzchen entwickelt sie sich zwar nur langsam, später aber ist die Wiesenrispe wegen ihrer guten Verwurzelung und regen Ausläuferbildung eine zuverlässige und schnelle Lückenfüllerin. Sie ist ähnlich dem Rotschwingel ziemlich anspruchslos und unempfindlich gegen Trockenheit.

Rotes Straußgras *(Agrostis capillaris)*
Das am häufigsten verwendete Gras für den feinen Rasen und auch Golfgreens ist extrem kurzschnittverträglich und bildet eine dichte, gleichmäßige, ausdauernde und strapazierfähige Grasnarbe. Rotes Straußgras ist feinblättrig, wächst in Horsten und verbreitet sich mit Hilfe kurzer, unterirdischer Rhizome. Es liebt feuchtere Lagen und neigt unter günstigen Bedingungen dazu, andere Gräser zu verdrängen.

Säen, Einarbeiten und Walzen in einem Arbeitsgang mit einer Sämaschine

Der Rasen wird braun oder kahl

Sei es die falsche Mischung oder der unpassende Standort, Fehler beim Mähen oder eine der berüchtigten Rasenkrankheiten … schnell kann der schönste Rasen braun werden und bald mehr kahle Stellen zeigen als er noch grüne Halme hat.

Bevor man aber etwas dagegen tun kann, ist es wichtig zu wissen, was ihm eigentlich fehlt.

Viele mögliche Ursachen

Bevor der Verdacht auf Krankheiten fällt, sollte in Ruhe über mögliche andere Ursachen nachgedacht werden.

Fehler bei der Bodenvorbereitung, Ansaat oder Pflege können Gründe sein, warum der Rasen vergilbt oder abstirbt. Größere oder winzig kleine Tiere im Boden setzen ihm zu, und in manchen Jahren ist auch einfach das Wetter für einen Rasen nicht optimal.

Eine schnelle Sanierung verhindert, dass sich unerwünschte Kräuter im Rasen breit machen können. Zeigt der Rasen trotzdem immer wieder kahle Stellen, so sind Mängel bei der Rasenneuanlage die mögliche Ursache für die geringe Belastbarkeit. Der richtige Unterbau ist die eine Sache. Die richtige Gräsermischung die andere.

Checkliste
Rasen wird braun oder kahl

Falscher Standort

- zu schattig .... (siehe Seite 42)
- zu trocken .... (siehe Seite 46)
- zu starke Belastung, v.a. im Winter und bei Nässe
- stark verdichteter Boden .... (siehe Seite 24)
- versäuerter Boden unter Nadelbäumen . (siehe Seite 42)
- Wasser bleibt an bestimmten Stellen immer stehen .... (siehe Seite 48)
- Hanglage .... (siehe Seite 49)

Falsche Pflege

- unscharfe oder schlecht montierte Messer beim Rasenmäher .... (siehe Seite 80)
- zu tiefes Mähen .... (siehe Seite 81)
- Brennglaswirkung von Wassertropfen
- Fehler bei der Neuanlage und beim Unterbau .... (siehe Seite 24)
- ungenügende Nährstoffversorgung ..... (siehe Seite 83)

Andere Ursachen

- Falsche Rasenmischung .... (siehe Seite 32)
- Tierische Schädlinge .... (siehe Seite 34)
- Rasenkrankheiten .... (siehe Seite 36)
- Urin von Haustieren .... (siehe Seite 39)
- ätzende, giftige, heiße Flüssigkeiten .... (siehe Seite 39)
- braune Ränder neben betonierten Wegen (siehe Seite 39)

Die falsche Rasenmischung

Je nach gewünschter Benützung des Rasens sind verschiedene Standard-Rasenmischungen im Handel. Innerhalb einer Mischung kann eine Grasart auch in zwei oder drei verschiedenen Sorten beigemischt werden, die durch ihre geringfügig veränderten Eigenschaften die Bandbreite zusätzlich erhöhen.

Zierrasen

Ein feiner Teppich, mehr zum Anschauen als zum Spielen. Er ist feinblättrig, sehr dicht und tief mähbar, hat aber einen hohen Pflegeaufwand (Schnitt, Bewässerung, Düngung, Unkrautbekämpfung, Laub rechen etc.) Typische Verwendungen: Vorgärten, repräsentative Garten- und Parkanlagen und Flächen „zum Herzeigen", die nicht oder nur ausnahmsweise zum Begehen gedacht sind.

Ein Beispiel (Angaben in Gewichtsprozenten):

Horstrotschwingel *(Festuca rubra commutata)* 45%

Rotschwingel, mit kurzen Ausläufern *(Festuca rubra trichophylla)* 45%

Rotes Straußgras *(Agrostis capillaris)* 10%

Gebrauchsrasen (Parkrasen, Gartenrasen)

In öffentlichen Anlagen, in Höfen von Wohnsiedlungen und als „normale" Mischung für den Hausgarten ist dieser Rasentyp durchaus belastbar, kann sich darin aber mit dem folgenden Spielrasen nicht messen. Die angegebene Mischung ist einigermaßen tolerant gegen Trockenheit (Angaben in Gewichtsprozenten):

Deutsches Weidelgras *(Lolium perenne)* 40%

Horstrotschwingel *(Festuca rubra commutata)* 15%

Rotschwingel, mit kurzen Ausläufern *(Festuca rubra trichophylla)* 15%

Wiesenrispe *(Poa pratensis)* 30%

Spielrasen

Seine dichte Grasnarbe macht ihn äußerst belastbar. Spielrasen muss „scherfest" sein, das heißt, die Rasennarbe darf sich beim Abschuss eines Fußballes nicht ablösen. Beim Sportrasen für professionelle Zwecke fallen die *Festuca*-Arten weg, er besteht nur mehr aus mehreren Sorten von Deutschem Weidelgras und Wiesenrispe. Die Regenerationskraft sollte hoch sein, damit kleine Kahlstellen rasch wieder zuwachsen können. Gute Schnittverträglichkeit wird von einem Spielrasen erwartet.

Ein Beispiel (Angaben in Gewichtsprozenten):

Deutsches Weidelgras *(Lolium perenne)* 50%

Horstrotschwingel *(Festuca rubra commutata)* 5%

Rotschwingel, mit kurzen Ausläufern *(Festuca rubra trichophylla)* 5%

Wiesenrispe *(Poa pratensis)* 40%

Landschaftsrasen

Für Hänge, Grasdächer, extensiv gepflegte Gartenbereiche (keine Bewässerung, wenige Schnitte im Jahr) oder für den Landschaftsbau geeignete Mischungen unterscheiden sich viel stärker in ihrer Zusammensetzung. Daher kann hier keine Mischungsempfehlung gegeben werden (siehe Seite 48).

Tiere als Rasenschädlinge

Eine Bekämpfung von Tieren als Verursacher von braunen, vergilbten oder kahlen Stellen im Rasen ist im Hausgarten meist nicht notwendig. Schäden treten selten auf und sind kaum je so großflächig und gravierend, dass ein Einsatz von Gift gerechtfertigt wäre. Manche, doch nicht alle Schädlinge können durch Einsatz von Nützlingen biologisch bekämpft werden.

Regenwürmer können beachtliche Kothaufen auftürmen. Das kann zu Zeiten erhöhter Aktivität vieler Regenwürmer kurzfristig den Anblick des grünen Rasens trüben, ist aber ein gutes Zeichen für einen lockeren, belebten Boden und ein Grund zur Freude: Regenwürmer sind überaus nützliche und interessante Tiere im Garten.

Kleine und große Haufen

Maulwürfe nagen nicht an Gräserwurzeln, sie fressen nur tierische Kost. Darunter befinden sich auch Insektenlarven wie Drahtwürmer, Engerlinge und sogar junge Mäuse. Sie regulieren damit einerseits den Bestand von Schädlingen am Rasen, können andererseits aber selbst lästig werden, wenn sie ihre berüchtigten Hügel im Garten aufwerfen. Informieren Sie sich, ob der Maulwurf in Ihrem Land bzw. Bundesland unter Naturschutz steht. Die zahlreichen, im Handel erhältlichen Mittel zu ihrer Vertreibung haben sich unserer Erfahrung nach in der Praxis nicht bewährt. Die beste Methode, einen Maulwurf loszuwerden, bleibt häufiges Spielen, Trampeln und Laufen auf dem Rasen. Wühlmäuse leben in Gruppen, werfen kleinere Hügel auf und richten auch außerhalb des Rasens Schaden an, denn ihre Nahrung besteht aus unterirdischen Pflanzenorganen. Sie stehen nicht unter Naturschutz und können mit Fraßködern oder Wühlmauseisen bekämpft werden.

Wühlmäuse werfen kleinere, unregelmäßigere Haufen auf als der Maulwurf. Sie gleichen eher seitlich aufgeworfenen Gängen als einem großen kegelförmigen Erdaushub, wie ihn ein Maulwurf genau über seinem senkrecht nach oben führenden Gang absetzt.

TIPP

Vögel, die sich auffallend häufig auf Ihrer Rasenfläche einfinden, um dort in der Erde zu picken, können bei braunen oder kahlen Stellen im Rasen ein Hinweis auf tierische Schädlinge im Boden sein. Engerlinge und die Larven der Wiesenschnaken sind besonders beliebt.

① **Engerlinge:** Larven von Mai-, Juni- und anderen Käfern leben monate- bis jahrelang im Boden und fressen an den Wurzeln. Der Rasen stirbt ab und lässt sich bei starkem Befall stellenweise wie ein Teppich aufrollen; bei den Erdarbeiten für eine Rasenneuanlage Larven und Puppen herausklauben. *Natürliche Feinde:* Igel, Maulwurf, Grünspecht und andere Vögel.

② **Wiesenschnakenlarven:** leben im Boden und fressen tagsüber an Wurzeln, nachts auch an Trieben und Blättern in Bodennähe; Pflanzen welken und sterben ab. *Natürliche Feinde:* Spitzmäuse, Igel, Maulwurfsgrille.

③ **Drahtwürmer:** Larven verschiedener Schnellkäfer, leben jahrelang im Boden, fressen Rasenwurzeln und die Basis der Triebe, die verwelken, gelb werden und absterben. *Natürliche Feinde:* Maulwurf, Spitzmaus, Laufkäfer, verschiedene Vögel.

④ **Erdraupen:** Die Larven von Eulen, der größten Familie der Schmetterlinge, leben tagsüber im Boden verborgen, fressen nachts an der Oberfläche Wurzeln, Blätter und Triebe; Pflanzen welken bei Trockenheit und sterben ab. *Natürliche Feinde:* Amseln, gelegentlich auch andere Vögel.

⑤ **Maulwurfsgrille:** interessant aussehendes, in unseren Breiten selten gewordenes Tier; lebt in fingerdicken Gängen unter der Erde und ernährt sich von Wurzeln, aber auch von Insekten und Würmern; frisst nachts auch oberirdisch. Einzelgängerin, wärmeliebend, in sandigen, lockeren Böden, tritt niemals in Massen auf. *Natürliche Feinde:* Spitzmaus, Star, Amsel, Dachs.

Rasenkrankheiten

Jeder Rasen wird von zahlreichen Pilzen „bedroht". Sie sind immer im Boden vorhanden und gehören zum normalen Bodenleben. Bricht eine Pilzkrankheit aus, so ist das auch als Zeichen von Schwäche zu verstehen. Nur dann kann ein Erreger so angreifen, dass der Rasen gelb oder braun und an größeren Flecken sogar kahl wird. Das Gleichgewicht im Boden ist möglicherweise gestört und die Gegenspieler unter den Pilzen sind ausgefallen. Die Pflege war nicht die richtige oder nicht intensiv genug, es wurde zu viel oder zu wenig oder mit den falschen Nährstoffen zur falschen Zeit gedüngt. Oder es sind bereits bei der Anlage des Rasens Fehler gemacht worden, die sich nun in Form einer Pilzerkrankung rächen.

Falsche Nährstoffversorgung

Vorbeugen ist besser als heilen und bei Pilzkrankheiten im Hausgarten sogar oft die einzige vernünftige Lösung.

Grundsätzlich sollte Langzeitdüngern der Vorzug gegenüber schnell wirkenden Düngern gegeben werden, denn die Nährstoffe müssen laufend und nicht schubweise verfügbar sein. Auch Spurenelemente und neben Kalium auch Magnesium müssen enthalten sein. Stickstoff sollte zu Kalium im Verhältnis 1:2 stehen, denn es geht weniger um eine Mästung des Grases als um ein Stimulieren der Fotosynthese für gesunde, widerstandsfähige Pflanzen. Die letzte Düngegabe fällt in den Spätsommer oder frühen Herbst. Danach sollte auf keinen Fall Stickstoff zugeführt werden.

Zu viel Wasser

Stauende Nässe sollte auf jeden Fall vermieden werden. Ein gut belüfteter, durchlässiger Boden ist wichtig für einen gesunden Rasen. Offene Lagen, wo der Wind über den Rasen streichen kann, sind weniger anfällig für Pilzkrankheiten. Hier trocknet Tau gut ab und Wasser verdunstet nach langem Regen schneller. Falsche Bewässerung kann ebenso schuld sein: Oftmaliges Wässern statt ausgiebigen Gießens alle paar Tage bewirkt, dass ständig Wasser in den obersten Schichten des Rasens vorhanden sind. Ist der Rasen noch dazu verfilzt, so wirkt er wie ein Schwamm und hält das Wasser in den obersten Zentimetern zurück. Abgesehen davon, dass es nicht bei den Wurzeln ankommt, ist diese ständig feuchte, zu dichte, wenig belüftete Zone ein idealer Nährboden für Pilzsporen, die im Tau, in der Luft oder im Boden überall vorkommen können.

Diagnose

Viele Symptome der Pilzkrankheiten gleichen einander stark und lassen sich nur mit einer Lupe genauer unterscheiden. Zudem treten häufig Mischinfektionen auf, die weitere Unsicherheit ins Spiel bringen. Absolute Gewissheit gibt eigentlich nur eine Laboruntersuchung. Diese Methode der Schadensbestimmung ist für Großkunden wie Greenkeeper von Golfplätzen oder Platzwarten von Sportanlagen interessant.

Im Hausgartenbereich gibt es kaum Beratungsmöglichkeiten. Ferndiagnosen sind schwierig, daher bringt auch ein Anruf beim „Pflanzendoktor" (Servicetelefone, Grüner Rat usw.) selten die gewünschte Antwort.

Einige der häufigsten Rasenkrankheiten sollen daher hier genannt werden.

Schneeschimmel
Braune, annähernd kreisförmige, diffuse Flecken im Herbst und Winter können eine Folge des Befalles mit dem Pilz *Microdochium nivale* sein. Ab September oder Oktober treten bei 0 bis 8 °C und großer Luftfeuchtigkeit die ersten braunen Halme auf. Vor allem aber unter lange liegenden Schneedecken können sich bei nicht gefrorenem Boden größere, faulig-feuchte Kahlstellen bilden. Eine gute, vorbeugende Maßnahme ist es, das Gras im Herbst noch einmal kurz zu mähen und nach dem Sommer nicht mehr mit Stickstoff zu düngen. Ließ sich ein Befall nicht vermeiden, so wächst er sich im Laufe des Frühjahrs meist wieder aus. Die braunen Flecken können aber auch umgegraben und neu angesät werden. Anfällig für Schneeschimmel sind vor allem die Straußgräser (*Agrostis*-Arten) und das Deusche Weidelgras *(Lolium perenne)*.

Hexenringe
Es gibt in Europa mehr als 100 Pilzarten, die Hexenringe bilden können. Typisch für sie ist, dass sie die Hutpilze (ihre Fruchtkörper) nur am Rand ihres unterirdischen Myzels ausbilden und nicht gleichmäßig darüber verteilt. Einige, aber nicht alle der in Grünland, Steppen und Rasen wachsenden Pilze beeinflussen die Vegetation: Sie fördern den Graswuchs beiderseits des Ringes unter anderem durch vermehrte Freisetzung von Stickstoff. Die Halme sind deutlich länger, mastiger und dunkler gefärbt. In der Ringzone wird das Myzel unter der Oberfläche so dicht, dass es praktisch Wasser abweisend wirkt. In Trockenzeiten kommt es hier daher zu einem allmählichen Absterben und Vertrocknen der Halme. Der hydrophobe Ring verhindert auch noch lange nach einem Absterben des Myzels ein Nachwachsen der Halme vom Rand her und sollte daher bei einer Sanierung mindestens spatentief gelockert werden. Der Nelkenschwindling *(Marasmius oreades)* als häufigster Hexenringpilz im Rasen kann das ganze Jahr auftreten und schädigt, wenn auch nur indirekt, alle Gräserarten. Eine Bekämpfung mit Fungiziden ist im Hausgarten in den meisten Fällen weder sinnvoll noch notwendig. Betrachten Sie einen solchen vollkommenen Elfenring oder Hexenring vielmehr als seltenes Naturschauspiel.

Pilzmyzele wachsen ohne Störung von einem Punkt ausgehend gleichmäßig in alle Richtungen. Der abgebildete Hexenring ist für den Rasen nicht weiter gefährlich, denn der Pilz übt im Gegensatz zu anderen keinen Einfluss auf die Vegetation aus.

Rotspitzigkeit
Die vor allem im Sommer und Herbst ausbrechende Krankheit wird durch den Pilz *Laetisaria fuciformis* hervorgerufen. Die Symptome treten nur bei Temperaturen von 15 bis 20 °C und bei höherer Luftfeuchtigkeit auf. Außerdem ist ein hungernder Rasen, gleich welcher Artenzusammensetzung, gefährdeter als ein wohlgenährter.

Zu häufiger und zu tiefer Schnitt sowie Wassermangel können den Ausbruch der Krankheit ebenfalls begünstigen. Der Rasen wird stellenweise braun, die Flecken wachsen ineinander und zuletzt wirkt der Rasen sogar wie rot gefärbt. Das Myzel bildet charakteristische, gut sichtbare, rote, gabelige Strukturen.

Düngen Sie ausreichend Stickstoff und Spurenelemente während der Wachstumsmonate und Kali und Phosphor zu Herbstbeginn. Da der Schaden oben an den Halmen ansetzt, wächst er sich bei verbessertem Nährstoffangebot und nach ein paar Schnitten im wahrsten Sinne des Wortes einfach aus.

Rost
Eine leicht zu erkennende Krankheit, die in den Sommermonaten bei gleich bleibenden Temperaturen von 20 bis 30 °C auftritt: Gelbliche, braune oder schwarze Pusteln zeigen sich auf den Blättern. Der Rasen sieht eher hell und gelb als braun aus. Verantwortlich sind Rostpilze der Gattung *Puccinia*, die hauptsächlich die Wiesenrispe *(Poa pratensis)* und das Deutsche Weidelgras *(Lolium perenne)* befallen. Rasen auf nährstoffarmem Boden, der unter Trockenheit leidet, ist besonders anfällig.

Verbessern Sie die Wachstumsbedingungen der Gräser durch ausgewogene, gleichmäßige Düngung und ausreichende Bewässerung.

Blattfleckenkrankheit
Wiederum für Deutsches Weidelgras und Wiesenrispe gefährlich kann diese Krankheit werden, die von verschiedenen Pilzen hervorgerufen wird. Je nach Pilzart können die Schäden im Frühjahr, Sommer oder Herbst auftreten. An den Blättern sind deutliche, ovale Flecken zu sehen, die bräunlich oder rötlich gefärbt sind, die Mitte wird später heller bis fast weiß. Der Rasen zeigt nicht so sehr einzelne, braune Flecken, als er in seiner Gesamtheit braun-grün gesprenkelt aussieht. Abhilfe schafft auch hier schon allein eine Verbesserung der Bedingungen wie durchlässigerer Boden und gleichmäßige, vielseitige Nährstoffzufuhr durch einen Langzeitvolldünger statt einseitiger Stickstoffdüngung. Lichtmangel und zu tiefer Schnitt können ebenso für einen Befall verantwortlich sein.

Chemische Bekämpfung?
Sind Sie auf ein Fungizid gestoßen und vermuten, dass es den pilzlichen Erreger der Krankheit wirksam bekämpfen kann? Dann überlegen Sie: Ist eine Bekämpfung mit Fungiziden in Ihrem Hausgarten wirklich notwendig? Lässt sich der Schaden nicht durch andere Maßnahmen einschränken? Selbst viele Fachleute raten vom Spritzen gegen Pilze im Hausgarten ab. Nicht nur aus Umweltgründen, sondern auch deshalb, weil das Thema Bodenpilze überaus komplex ist. Bei anhaltend schlechten Wachstumsbedingungen für den Rasen müssen Sie mit einer neuerlichen Infektion in der Zukunft rechnen. Eine chemische Bekämpfung hat

TIPP

Mischen Sie Fungizide nicht zusammen, um nach dem Prinzip „eines wird schon das richtige sein“ den Pilz zu treffen. Zuerst muss der Erregerpilz eindeutig identifiziert sein. Die Hersteller geben an, welche Kombinationen bei Mischinfektionen möglich sind, denn verschiedene Fungizide sind untereinander gut mischbar, andere wiederum nicht. Spritzen Sie niemals auf bloßen Verdacht hin.

also nur dann überhaupt Sinn, wenn Sie alle nur möglichen begleitenden Maßnahmen setzen, damit der Rasen gesund und kräftig wachsen kann. Und nicht selten wächst sich der Befall dann von selbst aus.

Andere Ursachen

Urin von Hunden und anderen größeren Haustieren kann, wiederholt an derselben Stelle platziert, das Gras ebenso zum Absterben bringen wie andere Flüssigkeiten: Spritzmittelreste, Reinigungsmittel, Düngemittel, Absäuerungsmittel von Kalkschleiern auf Pflasterbelägen, kochendes Wasser etc. Nicht immer deutet ein brauner Fleck gleich auf eine Erkrankung hin. Ist der Rasen aber einmal abgestorben, sollten Sie die kahle Stelle möglichst bald ausbessern.

Brauner Wegrand

Links und rechts von betonierten oder solide gepflasterten Wegen sieht man recht häufig max. 30 cm breite Streifen, wo das Gras zwar aufgeht, bei der ersten großen Hitze aber verdorrt und trotz Bewässerung nicht wieder grün werden will.

Die Ursache liegt dicht unterhalb der Grasnarbe: Die Einfassungssteine des Pflasters wurden mit einem zu breiten Mörtelkeil versehen. Unmittelbar neben dem Rand ist die Erdschichte darüber nur einige Zentimeter seicht, und den Wurzeln bleibt nicht genügend Raum zur Entfaltung. Das Betonfundament kann mit Bohrhammer oder Elektromeißel ein wenig abgetragen werden, bei Neuanlagen wird der Keil weniger hoch ausgeführt.

Es muss nicht immer gleich eine gefährliche Pilzkrankheit sein: Der Hund des Hauses ließ sich nicht abhalten, sein Geschäft immer auf genau derselben Rasenstelle zu verrichten.

Was der Stabilisierung des Weges dient, beeinträchtigt die Entwicklung der Gräser: Der Mörtelkeil verhindert die Bildung von genügend Wurzelmasse. Ein hässlicher Trockenrand rund um das schöne, teure Pflaster entsteht.

Der Rasen will nicht wachsen

Ob im Schatten unter Bäumen, als Mittelstreifen einer Garagenzufahrt oder auf einer trockenen, steilen Böschung: Der Rasen macht fast immer den gleichen kümmerlichen Eindruck.

Dabei könnten gerade solche Stellen zu den attraktivsten Plätzen im Garten zählen. Wo Rasen nicht mehr wächst, gibt es zahlreiche schöne Alternativen.

Schatten

Es gibt kaum einen Garten, in dem Probleme mit Schatten und Rasen unbekannt sind. Statt eines widerstandsfähigen und gut bestockten, sattgrünen Rasens mit breiten und festen Blattspreiten entwickelt sich eine lückenhafte, häufig vermooste Rasennarbe mit dünnen, hellgrünen und weichen Blättern. Frisch verlegter Fertigrasen wird binnen kurzer Zeit schütter. Die ungünstigen Bedingungen fördern zudem das Entstehen von Rasenkrankheiten. Gräserarten wie die Wiesenrispe *(Poa pratensis)* werden im Schatten häufig von Mehltau befallen. Schnee bleibt im Frühling länger liegen, und der Rasen kann nach Niederschlägen, verstärkt durch Windstille, schlechter abtrocknen. Aus der angebauten Gräsermischung bleiben nur wenige Arten über, die unter diesen harten Bedingungen bestehen können.

Neben dem Mangel an Licht kommt häufig noch Wassermangel hinzu. Unter dem geschlossenen Blätterdach einer Baumkrone ist es sehr trocken. Flach wurzelnde Baumarten wie Fichten verschärfen die Situation noch. Die Strapazierfähigkeit solcher Rasenflächen ist gering, sodass sie schon geringsten Belastungen nicht mehr standhalten. Die Flächen veröden. Von einem Spielrasen in einem schattigen Innenhof bleibt oft nicht viel mehr übrig als steinharter Boden. In der Natur kommen geschlossene Rasenflächen nur in offenen, sonnigen Lagen vor. Rasen im Schatten ist also ein durchwegs gärtnerisches Problem.

Rasen unter Nadelbäumen?

Auf dem nadelübersäten Boden unter einem großen, breiten Fichtenbaum ist es zwecklos, einen Rasen anbauen zu wollen. Die Trockenheit und der enorme Wurzeldruck des Baumes sind neben dem ganzjährigen Lichtmangel und dem von den Nadeln versäuerten Boden die Gründe dafür, dass kein Gras mehr wächst. Die schütteren Flächen, die sich unter den aufgeasteten Kiefern, Tannen und Fichten entwickeln, sind mehr als dürftig. Hier wäre wohl eine Bepflanzung mit geeigneten Bodendeckern (siehe Tabelle) die bessere Lösung.

Mehr Licht

Laubbäume, die im neu angelegten Garten noch klein und kümmerlich waren, haben im Laufe der Jahre ausladende Äste entwickelt. Es ist schön, anzusehen, wie prächtig und kräftig sie jetzt geworden sind. Dem Rasen darunter geht es allerdings nicht mehr so gut. Es scheint, als würde er von Jahr zu Jahr spärlicher wachsen. Um den diffusen Begriff Schatten zu erhellen, ist die physikalische Größe Beleuchtungsstärke (Einheit lux) hilfreich. Die untere Grenze, wo Rasen im Schatten noch sinnvoll ist, liegt bei 300 lux. Zum Vergleich: Ein wolkenloser Sommertag in unseren Breitengraden hat etwa 70.000–100.000 lux, ein bewölkter Himmel lässt immerhin noch 25.000–30.000 lux durch. Im Nebel sinken die Werte auf 2.000–3.000 lux. Unter der Krone eines dicht belaubten Walnussbaumes kommt man an einem sonnigen Tag bereits an die kritische Grenze von 300 lux. Aussichtslos scheint es unter einer Hängeblutbuche (*Fagus silvatica* 'Purpurea Pendula') zu sein, wo die Werte um 180 lux oder darunter liegen. Wenn Sie dennoch auf Rasen nicht verzichten wollen, so müssen

Sie auf spezielle Gräsermischungen zurückgreifen, die meist unter dem verführerischen Namen „Schattenrasen“ im Handel erhältlich sind. Darin enthalten sind z.B. Sorten von Hainrispe *(Poa nemoralis)* oder Lägerrispengras *(Poa supina)*, die mit Halbschatten recht gut zurechtkommen. Der entscheidende Nachteil: Sie sind weniger schnittverträglich und trittbelastbar. Eine Nutzung der Fläche ist nur begrenzt möglich.

Bodendeckerpflanzen statt schütteren Rasens

Es gibt Gehölze und Stauden, die auch mit den Lichtverhältnissen unter Bäumen gut zurecht kommen, selbst dort, wo längst kein Rasen mehr wachsen kann. Sie sind Spezialisten für schwierige Standorte. Statt ungezählte Versuche zu unternehmen, die kahlen, braunen Flecken in grünen Rasen zu verwandeln, sollten Sie sich mit dem Gedanken anfreunden, einen Ersatz für den Rasen zu finden.

Eine blühende Alternative

Bestimmte Arten von Stauden (mehrjährige, krautige und nicht verholzende Pflanzen), aber auch niedrig bleibende Gehölze sind in der Lage, mit ihren sich dicht über dem Boden ausbreitenden Blättern und mit Hilfe von Ausläufern oder Rhizomen Flächen relativ rasch zu bedecken und zu begrünen. Sie sind dauerhaft und bedürfen geringerer Pflege als der Rasen selbst. Es gibt unter den Bodendeckern Arten wie Efeu, die ausschließlich mit ihren Blättern zieren, und andere, wie die Elfenblume (*Epimedium*-Arten), die zudem noch schön blühen. Unter Bäumen und vor Sträuchern sind vorzugsweise solche Bodendeckerpflanzen zu verwenden, denen die herbstliche Abdeckung mit Falllaub nicht schadet. Das Laub „verschwindet“ zwischen den Pflanzen und wird am Boden in Humus umgewandelt. Die Waldpflanzen unter den Blattschmuck- und Blütenstauden, wie die Waldmarbel *(Luzula sylvatica)*, fühlen sich umso wohler und entwickeln sich prächtig.

Anlage und Pflege eines Rasens im Schatten

- Bei lehmigen oder tonigen, schweren Böden vor dem Säen gewaschenen Quarzsand (0 bis 2 oder 0 bis 3 mm Körnung) einarbeiten.
- Spezielle halbschattenverträgliche Fertigrasenrollen oder Samenmischungen verwenden.
- Ausreichend düngen.
- Trockene Stellen unter Bäumen öfters kontrollieren und bei Bedarf gießen.
- Nur mähen, wenn der Rasen trocken ist.
- Rasenschnittgut sofort entfernen.
- Vor dem Kronenschluss im Frühjahr bis etwa Mitte Mai braucht der Rasen besonders intensive Pflege (vertikutieren, düngen, gießen, sanden).
- Nicht tiefer als 5 cm mähen, damit möglichst viel Blattfläche für die Fotosynthese erhalten bleibt.
- Falllaub, Blütenblätter und Früchte sofort von der Rasenfläche entfernen.

Empfehlenswerte Bodendecker vor oder unter Bäumen und Sträuchern

Name	Sorten	Blüte-zeit	Blüten-farbe	mittlere Höhe	Stk./m²	Bemerkungen
Frauenmantel *Alchemilla mollis*	–	6–8	gelb	30	10	schluckt Laub, anspruchslos, robust, weich, behaarte Blätter
Buschwindröschen *Anemone nemorosa*	–	3–5	weiß	15	12	schluckt Laub, zieht im Sommer ein, braucht Partner, die sich anschließend entwickeln wie z.B. Farne
Prachtspiere *Astilbe chinensis* var. *pumila*	–	8–9	rosa	20	12	schluckt Laub, verträgt auch etwas Sonne, anspruchsvoll, schöne Blüte
Breitblatt-Segge *Carex plantaginea*	–	5–6	–	10	8	ziert vor allem durch die auffallend breiten Blätter, niedriger Bodendecker, auch im Vollschatten
Teppichhartriegel *Cornus canadensis*	–	3–5	weiß	15	12	guter Laubschlucker, braucht feuchten, humosen und sauren Boden
Elfenblume *Epimedium grandiflorum*	'Rose Queen'	4–5	rosa	30	12	braucht humosen Boden, einer der dauerhaftesten und schönsten Bodendecker
Storchschnabel *Geranium himalayense*	'Johnson's Blue'	6–7	blau	40	10	sehr schöne Blüten, braucht Halbschatten, kann schlampig werden
Efeu *Hedera helix*	–	–	–	5	10	immergrün, verträgt Vollschatten, anspruchslos
Funkien *Hosta*-Arten	–	–	–	–	–	auf guten Böden, auch viele Sorten mit weiß- oder gelbbunten Blättern, dauerhaft, auch bei Schnecken beliebt
Johanniskraut *Hypericum calycinum*	–	7–8	gelb	30	12	immergrün, dauerhaft, kann wuchern, kann leicht durch Stecklinge vermehrt werden
Waldmarbel *Luzula sylvatica*	–	5–6	braun	25	10	breite, glänzende, hellgrüne Blätter, verträgt großen Wurzeldruck und Vollschatten
Straußfarn, Trichterfarn *Matteuccia struthiopteris*	–	–	–	80	6	Laub schluckender, hoher Bodendecker, auch für größere, wenig beschattete Flächen, wuchert
Dickanthere *Pachysandra terminalis*	–	4	weiß	25	10	immergrün, wertvoll, weil auch im Vollschatten sehr dicht
Beinwell, Wallwurz *Symphythum grandiflorum*	–	5–6	gelb	30	10	anspruchsloser Bodendecker, lässt sich gut unter alten Gehölzen ansiedeln
Immergrün *Vinca minor*	–	4–5	blau	10	8	langlebig, für Vollschatten geeignet, es gibt auch purpurrote Sorten
Waldsteinie *Waldsteinia ternata*	–	4–5	gelb	10	10	anspruchslos, langlebig und robust

Unter den Storchschnabel-(Geranium-)Arten gibt es viele schön blühende Bodendecker, die bestens für den Halbschatten unter Bäumen und vor Gehölzen geeignet sind.

Fiederpolster (Leptinella squalida) und Bärenfellschwingel (Festuca gautieri) sind nur zwei von vielen Pflanzen, die als Rasenersatz vor allem an unzugänglichen und schlecht zu pflegenden Stellen verwendet werden können. Niedrig, rasenähnlich oder bodenbedeckend grün und dauerhaft sollten sie sein, dürfen aber nicht betreten werden.

Pflanzung und Pflege von Bodendeckern

Zunächst wird der bestehende Rasen mit dem Spaten umgegraben. Die aus der Erde genommen Rasensoden werden gleich ausgeschüttelt und landen auf dem Kompost. Wurzelunkräuter wie die gefürchtete Quecke *(Elymus repens)* oder der berüchtigte Giersch *(Aegopodium podagraria)* müssen unbedingt mit ihrem gesamten „Netz“ an unterirdischen Ausläufern sorgfältig aus der umgegrabenen Erde entfernt werden. Andernfalls überwuchern und verdrängen sie trotz Jätens die frisch gesetzten Bodendecker binnen kurzer Zeit.

Zur Verbesserung des Bodens kann gut verrotteter Kompost eingearbeitet werden. Bodendecker, die einen humosen und leicht sauren Boden benötigen, wie z.B. der Teppichhartriegel *(Cornus canadensis)*, sollten Sie direkt in Moorerde setzen, die in Säcken im Handel erhältlich ist.

Nach dem Abrechen werden die Bodendeckerpflanzen, die üblicherweise in 9 x 9 x 9,5 cm Containern (Kunststofftöpfen) gekauft werden, im Verbund gleichmäßig über die Fläche aufgeteilt. Pro Quadratmeter wird je nach Art und Wüchsigkeit mit etwa 6–12 Stück gerechnet. Bei eher langsam wachsenden Stauden wie Elfenblume *(Epimedium grandiflorum)* oder Waldmarbel *(Luzula sylvatica)* können auch engere Pflanzabstände (bis 15 Stück pro m^2) gewählt werden, um eine raschere Bodenbedeckung zu erreichen.

Die Topfballen müssen gut durchwurzelt und die Pflanzen frei von Unkräutern sein. Sind die Töpfe zu Ihrer Zufriedenheit gruppiert und aufgeteilt, kann nach dem Austopfen mit dem Setzen begonnen werden. Die Bodendecker sind genauso tief zu pflanzen, wie sie im Container gesessen haben.

Das anschließende Auftragen einer ca. 5 cm dicken Rindenmulchabdeckung gegen den Anflug von Samenunkräutern und als Verdunstungsschutz ist durchaus sinnvoll, denn der Boden sollte feucht und unkrautfrei gehalten werden. Bis zur vollkommenen Bedeckung des Bodens dauert es im Durchschnitt zwei Jahre.

Tipp

Statt eines gleichmäßigen Blätterteppichs können auch unterschiedlichste Blattschmuck- und Blütenstauden, sofern sie für Schatten geeignet sind, nebeneinander verwendet werden. Farne, Waldstauden wie das Buschwindröschen (Anemone nemorosa), Ziergräser und Knollen- oder Zwiebelpflanzen wie der früh blühende Winterling (Eranthis hyemalis) schaffen ein stimmungsvolles Bild.

Sonne und Trockenheit

Extreme Hitze, intensive Sonneneinstrahlung und die dadurch bedingte Trockenheit machen es dem Rasen vor allem an windexponierten Stellen schwer. Selbst die installierte Bewässerungsanlage scheint wenig gegen das Braunwerden des Rasens ausrichten zu können. Doch häufig liegt der Fehler weit zurück. Wurde zu wenig

Erde über einen schottrigen, kargen Unterboden angeschüttet, so ist die Wasserspeicherkapazität der Wurzelschichte nur gering. Die Rasentragschichte, die von den Gräsern als Wurzelzone benötigt wird, sollte mindestens 20–25 cm betragen. Bei verdichteten Böden mit verhärteter Oberfläche kann das Regenwasser nur unzureichend versickern. Auch ein Rasenfilz aus abgestorbenen Blättern und liegen gebliebenem Mähgut bewirkt, dass Wasser- und Luftaustausch nur vermindert funktionieren.

Anlage und Pflege von Rasen an sonnenexponierten, trockenen Stellen

- Einarbeiten von gewaschenem Quarzsand (0 bis 2 oder 0 bis 3 mm Körnung) vor dem Säen bei lehmigem oder tonigem, schwerem Boden fördert die Wasser- und Luftdurchlässigkeit.
- Spezielle Samenmischungen mit besser trockenheitsverträglichen Schwingelgräsern (*Festuca*-Arten) verwenden.
- Nicht tiefer als 5 cm mähen, höher wachsender Rasen beschattet den Boden besser, fängt mehr Tau und vermindert die Verdunstung des Bodens.
- Installation einer guten Bewässerungsanlage.
- Bei ersten Anzeichen von Welke sofort gießen.
- Vertikutieren und sanden im Frühjahr.

Extensive Begrünung von Dächern erfordert spezielle Gräsermischungen, die trockenheitsresistent und langsamwüchsig sind. Im feuchten Klima Skandinaviens bleiben die Dächer auch im Sommer grün.

Richtiges Gießen

Es ist falsch zu glauben, viele kleine Wassergaben, dem englischen Wetter nachempfunden, wären für den Rasen ideal. Denn dadurch wird das Wachstum eines flachen Wurzelsystems gefördert, das

Tipp

Sonnenexponierte Stellen wie Böschungskronen, Ränder neben Treppenaufgängen oder Begleitstreifen von Zufahrtswegen, die nicht betreten werden und dennoch attraktiv aussehen sollen, lassen sich gut mit Bodendeckern wie Ziest (Stachys byzantina), Fetthenne (Sedum floriferum), Lavendel (Lavandula angustifolia) oder mit trockenheitsliebenden Rasenersatzpflanzen begrünen.

bei Trockenheit nicht mehr genug Wasser erreichen kann. Wenige, aber gründliche Wassergaben alle 7–14 Tage helfen, Kosten zu sparen und sorgen für eine tiefe Durchwurzelung und hohe Toleranz des Rasens gegen Trockenheit. Nach ausgiebigem Wässern muss der Boden spatentief feucht sein.

Bei Böschungen haben Sie mit einem weiteren Problem zu kämpfen: Hangwasser rinnt ungenutzt ab. Hier wäre zu überlegen, ob nicht ein pflegeextensiver Landschaftsrasen mit 1–2 Schnitten im Jahr die bessere Lösung

Böden, die einen sehr hohen Lehm- oder Tongehalt haben, lassen sich wie Plastilin kneten.

wäre. Dass Rasen in unseren Breiten über die Hitzeperioden des Sommers braun wird, ist zwar nicht schön anzusehen, aber im Grunde auch nicht weiter schlimm. Dank seiner Regenerationskraft steht einem saftiggrünen Rasen im Herbst oder spätestens im Frühling nichts im Wege.

Extreme Bodenbedingungen

Damit sich ein dichter Rasen entwickeln kann, muss der Boden durchlässig sein. Schwere Böden verschlämmen leicht und haben im Gegensatz zu sandigen die ungünstige Eigenschaft, sich zu verdichten. Luftmangel und Bodenverdichtung führen dazu, dass sich Wurzeln nur ungenügend ausbreiten können. Weniger Wurzeln bedeuten, dass die Gräser weniger Wasser und Nährstoffe zur Verfügung haben, im Wachstum zurück bleiben oder gar absterben.

Erste kahle Stellen sind ein untrügerisches Zeichen für akuten Handlungsbedarf. Das Belüften des Rasens durch Vertikutieren oder Aerifizieren bei gleichzeitigem und oft wiederholtem Einarbeiten von Quarzsand bringt eine deutliche Verbesserung (siehe Seite 81).

Auf sumpfigem Boden herrschen für einen Rasen die denkbar schlechtesten Bedingungen. Stauende Nässe bedingt Luftmangel und bewirkt ein Absterben der Graswurzeln. An die Benutzung des Rasens ist kaum zu denken. 40 cm tiefe Entwässerungsrinnen mit Dränagerohren aus Kunststoff im Schotterbett sorgen dafür, dass überschüssiges Wasser rasch in einen Sickerschacht oder in den Regenwasserkanal abfließen kann.

Ein anderes Extrem sind schottrige Böden mit kaum entwickeltem Humus. Der Rasen leidet permanent an Nährstoff- und Wassermangel. Das Einsamen von trockenheitsverträglicheren Grasarten nach einem dünnen Erdauftrag schafft etwas Abhilfe. Wo keine intensive Nutzung erforderlich ist, wäre eine Blumenwiese oder ein extensiver Landschaftsrasen die ideale Alternative.

Grundsätzlich ist der Boden mit der Wurzelschichte eines bestehenden Rasens nur schwer zu verändern.

Sanden, Vertikutieren und Aerifizieren bringen oft nur kurzzeitig eine leichte Verbesserung. Hier wäre es sinnvoll, an die Neuanlage des Rasens zu denken. Dränage- und Rasentragschichte können ganz neu aufgebaut werden.

Befahrbarer Rasen

Wollen Sie auf das frische Grün des Rasens bei einer Garagenzufahrt oder auf einem Parkplatz nicht verzichten, so können Sie neben den bekannten Rasengittersteinen aus Beton auch Großstein-Pflaster verlegen. Das Einkehren eines Quarzsand-Erde-Gemisches (1:1) und die Einsaat von Rasensamen sorgen für eine „natürliche Verfugung." Rasenwaben aus Recyclingkunststoff haben die Form von sechseckigen, dünnwandigen Bienenwaben und wirken aus der Ferne wie ein homogener Rasen. Grobmaschige, elastische Kunststoffnetze, die in die Rasentragschichte eingearbeitet werden, bewirken eine extreme Belastbarkeit des Rasens bei Ein- und Ausfahrten, ohne dass sich der Boden verdichtet.

Hanglage

Ab einer Neigung von 1:3 haben Böschungen nicht nur den Nachteil, dass das Mähen zur Kletterei und mit einem Rasenmäher kaum mehr

Teilsanierung

(1) Rasen auf 1,5 bis 2 cm mähen und durch Vertikutieren oberflächlich lockern.

(2) Mulden mit einem Quarzsand-Erde Gemisch (1:1) einebnen.

(3) Regenerationssaatgut gut durchmischen und aussäen (ca. 20–30 g pro m^2).

(4) Samen mit Rechen (Harke) seicht einarbeiten und anwalzen.

(5) Mit feiner Brause oder Beregnungsanlage angießen.

bewältigt werden kann. Die Pflanzen kämpfen zudem stets mit dem Problem der Trockenheit. Oberflächenwasser fließt zu rasch ab. Starker Bodenabtrag durch Niederschläge und Wind sind ohne Bepflanzung zu befürchten. Deswegen ist es durchaus sinnvoll, von einem pflegeintensiven Rasen am Hang auf eine extensiv begrünte Fläche umzusteigen.

Landschaftsrasen und Blumenwiese

Samenmischungen mit anspruchsloseren, langsam- und kurzwüchsigen Grasarten sind eine gute Möglichkeit, steile Hänge trotz Sonne und Trockenheit zu begrünen. Im Handel werden sie unter verschiedenen Namen geführt und unterscheiden sich in der Artenzusammensetzung der einzelnen Gräser mehr oder weniger voneinander. Ob Landschaftsrasen mit dem verlockenden Namen „Toskana" oder schlicht unter „Schotterrasen", „Trockenrasen" oder „Böschungsmischung für trockene Lagen" gehandelt wird, alle Mischungen haben mit einem herkömmlichen Rasen wenig zu tun.

Die Flächen werden ein- bis zweimal im Jahr gemäht und sind nicht für intensive Nutzung geeignet. Landschaftsrasen wird, sofern man ihn nicht öfters schneidet, über den Sommer braun, die Gräser aber überstehen die Trockenheit unbeschadet.

TIPP

Hangflächen, die nur mit Bodendeckern wie Schneebeere (Symhoricarpos x chenaultii 'Hancock') oder Kranzspiere (Stephanandra incisa 'Crispa') bepflanzt wurden, wirken oft monoton. Darin eingestreute Gruppen höher wachsender und trockenheitsverträglicher Wildsträucher wie Felsenbirne (Amelanchier lamarckii 'Ballerina'), Kaskadensommerflieder (Buddleja alternifolia) oder Zwergflieder (Syringa velutina) sorgen durch ihre Blüten nicht nur für farbliche Abwechslung, mit ihren kräftigen Wurzeln tragen sie auch zur Hangstabilisierung bei.

Er zeigt trotz dieser Bedingungen gute Wüchsigkeit und schafft hundertprozentige Bodenbedeckung.

Die Aussaat auf steilen Böschungen gestaltet sich schwierig, da die Samen leicht abgeschwemmt werden. Mehrmaliges Nachsäen ist nötig. Eine kostspielige Alternative wäre das Verlegen eines speziellen Fertig-Landschaftsrasens wie zum Beispiel auf Gründächern.

Im Landschaftsbau ist das Anspritzverfahren Standard: Samen werden mit Nährstoffen und flüssigem Trägermaterial aus Großtanks mit Sprühgeräten z.B. auf Autobahnböschungen aufgetragen. Blumenwiesen an steilen Hängen sind nicht nur praktisch, sondern auch eine farbenfrohe Bereicherung für den Garten. Sie werden im Kapitel „Der Rasen wird bunt" (Seite 60) aus der Nähe betrachtet.

Bodendecker für die Sonne

Sonnige Böschungen können auch mit trockenheitsverträglichen und robusten Bodendeckern bepflanzt werden. Sie sollten die Fläche möglichst schnell durch rasches Wachstum bedecken, um der Hangerosion entgegenzu-

wirken und Unkräutern keinen Raum zur Entwicklung zu lassen. Rudbeckien (*Rudbeckia fulgida* 'Goldsturm'), Katzenminze *(Nepeta x faassenii)*, Salbei *(Salvia nemorosa)*, Johanniskraut *(Hypericum calycinum)* und Bodendeckerrosen (z.B. die Sorte 'Roter Max Graf') sind hier zu nennen.

Blühende Mauern aus Stein
Warum aus einer pflegeintensiven oder sehr steilen, unzugänglichen Böschung nicht eine blühende Trockenmauer machen? Steinblöcke in der Gewichtsklasse von etwa 300 bis 1.500 kg können mit einem Bagger mühelos zu einer massiven Mauer geschlichtet werden. Kleinere Trockenmauern bis etwa 80 kg sind noch händisch zu verlegen. Die Zwischenräume besiedeln trockenheitsliebende und niedrig bleibende Stauden wie z.B. Fetthenne (*Hylotelephium*-Hybriden), Felsenkraut *(Aurinia saxatilis)* oder Zwerggehölze wie die Bartblume *(Caryopteris x clandonensis)*.

Die tonnenschweren Steinblöcke wurden mit einem Löffelbagger zu einer eindrucksvollen Mauer geschichtet.

Der Rasen verunkrautet

Die Gräser im Rasen bleiben nicht lange unter sich. In der Erde schlummern tausende und abertausende Unkrautsamen.

Wind, Vögel oder Schuhsohlen tragen weitere herein.

Es stellt sich also die Frage, womit man leben kann und welchen Aufwand man für einen makellosen Rasen treiben will.

Unkräuter

Die Bezeichnung „Unkraut“ an sich ist eine Frage der persönlichen Sichtweise. Die einen lehnen den Begriff ab und erfreuen sich an allem, was wächst. Andere wiederum zählen, Rasen und Rosen ausgenommen, alles im Garten zum Unkraut. Und wieder andere nur die gröbsten, lästigsten und frechsten Wucherer. Je weniger streng man den Begriff „Unkraut“ fasst, desto weniger Sorgen und Aufwand, beim Rasen wie ganz allgemein im Garten.

Die gelben Blüten des Löwenzahns zu ebener Erde sehen den gefüllten Blüten der Kerria japonica 'Pleniflora' im ersten Stock recht ähnlich. Was dort ein zierender Schmuck ist, gilt im Rasen als Unkraut. Eine Frage des Blickes also.

„Gänseblümchen haben auf meinem Rasen nichts zu suchen.“ Perfektionisten wird es immer geben: Täglich wird der grüne, dichte Teppich auf der Suche nach verdächtigen Rosetten oder nach zu breiten Grasblättchen durchkämmt. Distelstecher oder ein scharfes Küchenmesser werden gezückt und Unerwünschtes sofort eliminiert. Chemische Unkrautvernichtungsmittel rücken zum Einsatz aus, um wieder Ordnung in das Chaos zu bringen. Viel Geld, Zeit, Mühe, Arbeit und auch Gift werden investiert, um einen weichen, einheitlichen, schönen Rasen zu haben. Wer ein Rasenparadies haben will, sollte wissen, dass es nur mit hohem Einsatz zu erhalten ist.

Das Bekämpfen der Unkräuter im Rasen kann aber auch handfeste, praktische Gründe haben. Gänseblümchen und vor allem Klee locken Bienen an. Damit wird das Barfußgehen ein wenig gefährlicher. Stiche an Händen, im Gesicht oder im Mund können vor allem für Krabbelkinder bedrohlich werden. Außerdem ist ein stark verunkrauteter Rasen weniger weich und fühlt sich anders an als ein dicht bestockter, gepflegter Rasenteppich.

Gras im Gras

Nicht nur zweikeimblättrige Pflanzen bedrohen den Rasen, die Gefahr kommt auch aus den eigenen Reihen. Zwischen den gewünschten, gekauften, angebauten und gepflegten Halmen machen sich andere „Ungräser“ breit. Sie haben derbe, breite Blätter oder einen gänzlich anderen Grünton und verdrängen vor allem die schwächerwüchsigen Ziergräser. Gegen sie hilft kein Spritzmittel und es ist auch ungleich schwieriger als bei den „Kräutern“, sie händisch zu entfernen. Zu den unbeliebtesten Gräsern zählen die einjährige Wiesenrispe *(Poa annua)*, das Knaulgras *(Dactylis glomerata)*, das Honiggras *(Holcus lanatus)* und die Quecke *(Elymus repens)*.

Rosetten

Löwenzahn und Disteln haben tiefgehende Pfahlwurzeln. Knapp über dem Boden breiten sie alle ihre Blätter in einer Ebene aus. Die Blütenschäfte entspringen der Mitte der

Rosette, um genügend Höhe für den Wind zu erreichen, der dann die Fallschirmchen beim Löwenzahn an jene schüttere Stelle im Rasen transportiert, wo bald die nächste Pfahlwurzel in die Tiefe wachsen wird. Hier hilft rechtzeitiges, tiefes Ausstechen der gesamten Wurzel. Aus den verbliebenen Teilen im Boden treibt der Löwenzahn allerdings neu durch.

Disteln halten das Mähen nicht aus und verschwinden bald aus dem neu angebauten Rasen. Gänseblümchen bilden zahlreiche Tochterrosetten, und aus einem Pflänzchen entstehen ganze Flecken. Wer sie aus dem Rasen entfernen will, sollte daher rasch reagieren und die noch vereinzelten Rosetten ausstechen.

Der Breitwegerich *(Plantago major)* liegt noch flacher am Boden und verträgt sogar Trampeln und gelegentliches Befahren. Er zeigt starke Verdichtung des Bodens und häufiges Betreten an. Seine Blütenstiele sind drahtig und elastisch und biegen sich beim Mähen, um gleich hinter dem Mäher wieder in die Höhe zu schnellen. Die Samen werden mit dem Wind verbreitet oder quellen bei Nässe, werden dann klebrig und bleiben auf den Schuhsohlen haften. Das führte auch zu seiner weltweiten Verschleppung und zu seinem Spitznamen „Fußstapfen des Weißen Mannes" im Norden Amerikas. Ausstechen ist auch bei Mittlerem und Spitz-Wegerich *(P. media, P. lanceolata)* eine gute Methode, denn die Rosetten sind sehr kompakt. Sie können jedoch aus den Resten des Wurzelstocks im Boden wieder austreiben.

Ausläufer

Schlimmer als Rosetten sind jene Unkräuter, die mit Hilfe von langen Trieben riesige Flächen erobern können. Die Ausläufer bewurzeln und setzen Tochterpflanzen in die Welt, die sich wiederum in alle Richtungen verbreiten.

Unterirdische Ausläufer treibt die Schafgarbe *(Achillea millefolium)* und ist daher besonders schwer zu entfernen.

Während Rotklee *(Trifolium pratense)* keine Ausläufer treibt und daher leicht auszustechen ist, kann der Weißklee *(Trifolium repens)* nicht früh genug bekämpft werden. Hat er sich einmal etabliert, so ist er schwer wieder zur Gänze loszuwerden. Ähnlich sieht es beim Kriechenden Hahnenfuß *(Ranunculus repens)* aus. Höchste Anforderungen an Ausdauer und Einsatz fordert der fadenförmige Ehrenpreis *(Veronica filiformis)*.

Essbares Unkraut

Sie werden es sicher nicht schaffen, das Unkraut im Rasen durch Aufessen zu bekämpfen. Dennoch sind auffallend viele Pflanzen darunter, die als Wildgemüse ihren Weg in die Küche finden könnten. Junge Blätter von Gänseblümchen, Braunelle (Prunella vulgaris), Primel oder Löwenzahn sind eine leckere Abwechslung im Salat. Marinierte Blütenknospen des Gänseblümchens und des Löwenzahns können Sie wie Kapern einlegen. Die Vogelmiere wird gleich ganz verwendet und Spitz-Wegerich hilft zerdrückt und auf die Wunde gelegt gegen Juckreiz und Schwellung bei Insektenstichen.

Vorbeugende Maßnahmen

Je dichter und geschlossener sich ein Rasen präsentiert, desto schwieriger finden Unkräuter ihren Weg hinein. Sind die Gräser gut mit Nährstoffen versorgt, gesund und wüchsig, so haben sie genug Kraft, Eindringlinge nicht aufkommen zu lassen. Eine gute Ernährung beugt daher vor. Kahlstellen können aber auch sekundär entstanden sein: Zu tiefer Schnitt, eventuell verstärkt durch unebenen Boden, Krankheiten oder Schädlinge hinterlassen Lücken im Rasen. Hier sollte man rasch nachsäen, wenn die Ursache beseitigt wurde. Je schneller der kahle Fleck wieder zuwächst, desto weniger können sich die Plagegeister ansiedeln.

In der Nachbarschaft

Die Umgebung spielt dabei natürlich eine große Rolle. Es ist nicht leicht, einen Rasen „sauber" zu halten, wenn rundum die Wiesen blühen und auf den Beeten mehr Unkraut sprießt als Gemüse oder Blumen. Ein nicht enden wollender Grund für Nachbarschaftsstreitigkeiten: Versuchen Sie also nicht das Unmögliche und beginnen sie keinen Kampf gegen Windmühlen. Aufwand und Nutzen sollten in einem vernünftigen Verhältnis stehen.

Hier ist von den Gräsern nichts mehr übrig, Kräuter bedecken den Boden zur Gänze: Gänseblümchen, Löwenzahn, Braunelle, Spitz-Wegerich und andere.

Alternative Blumenrasen

Wer den Kampf gegen das Unkraut im Rasen aufgegeben hat oder gar nicht erst beginnen möchte, kann getröstet werden: Der Aufwand, einen verunkrauteten Rasen in einen Blumenrasen zu verwandeln, ist auf längere Sicht geringer, als einen grünen Rasen zu erhalten. Sie machen die Not zur Tugend und freuen sich an den Blumen im Rasen, ja versuchen sogar noch, deren Vielfalt durch gezieltes Pflanzen oder Säen zu erhöhen. Lesen Sie weiter auf Seite 62.

Neubeginn unkrautfrei

Soll ein Rasen neu angelegt werden, muss der Boden möglichst frei von Unkräutern sein. Händisches Ausjäten beim Umstechen oder Abflämmen der oberirdischen Teile bewirken kein dauerhaftes Entfernen, denn viele Pflanzen treiben aus abgerissenen Teilen wieder aus. Die Wirkung dieser beiden umweltschonenden Methoden kann jedoch erhöht werden, wenn das zukünftige Fleckchen Rasen noch ein wenig brach liegen kann. Die nachwachsenden Unkräuter können so mehrmals gejätet oder mit Hitze behandelt werden und lassen sich auf ein

erträgliches Mindestmaß reduzieren. Der Einsatz von Totalherbiziden ist eine weitere Möglichkeit (siehe Seite 12).

Im Rasen: Jäten und Ausstechen

Je früher die Unkräuter entdeckt und entfernt werden, desto größer die Chance auf ihre tatsächliche Verbannung aus dem Rasen. Vor allem die kriechenden Pflanzen sind kaum noch zu stoppen, wenn sie große Teile bereits überzogen haben. Vertikutieren und Aerifizieren fördern die Wüchsigkeit der Gräser, die durch neu gebildete Seitentriebe die Rasennarbe wieder dicht machen. Rosetten mit und ohne Pfahlwurzeln lassen sich durch Ausstechen mit einem Distelstecher gut entfernen. Auch ein langes, breites Küchenmesser kann dazu dienen. In die größeren Lücken wird gleich Rasen nachgesät.

Chemische Unkrautbekämpfung

Die für Rasen zugelassenen Herbizide gleichen einander sowohl hinsichtlich des Wirkstoffes als auch in der Art ihrer Anwendung. Als Wirkstoffe finden sich am häufigsten 2,4-D und Dicamba. Sie wirken nur auf zweikeimblättrige Pflanzen, was eine Bekämpfung von lästigen Gräsern im Rasen unmöglich macht. Nach erfolgreicher Behandlung ist der Rasen gänzlich gereinigt von Gänseblümchen, Klee und anderen Unkräutern: Gras, soweit das Auge blickt und das Mittel reichte.

Viele Produkte stellen eine Kombination aus Rasendünger und Unkrautvernichter dar, denn das Wachstum der Gräser muss gefördert werden, wenn der unkrautfreie Zustand von einiger Dauer sein soll. Die gängige Form ist ein Granulat, das in Mengen von 20 bis 40 g/m^2 auf den Rasen gestreut wird. Vergewissern Sie sich, dass das Mittel genau gegen die bei Ihnen vorkommenden Unkräuter hilft. Die Anwendung muss in der Vegetations-

Ausstechen von Rosetten mit langem Messer oder Distelstecher. Werden lange Pfahlwurzeln zum Beispiel mit einem Spaten nicht zur Gänze aus der Erde genommen, so treiben Pflanzen wie der Löwenzahn erneut aus.

periode zwischen April und September erfolgen.

Gift im Hausgarten?
Ein Unkrautvernichtungsmittel zu streuen hat länger anhaltende Folgen, als es die Gebrauchsanweisung vermuten lässt. Sie müssen den unkrautfreien Rasen nun intensiver pflegen, um ihn so zu erhalten, wie er nach dem Herbizideinsatz aussieht. Das heißt vermutlich: mehr düngen, mehr bewässern (denn die tief wurzelnden, trockenheitsverträglicheren Kräuter sind weg) und eventuell auch Schädlingsbekämpfungsmittel verwenden. Ganz zu schweigen von Geld, Zeit und Arbeit, die eine derart intensive Rasenpflege erfordert und die Sie anderweitig investieren könnten. Die meisten Präparate werden zudem als schädlich für Regenwürmer, Wasserorganismen und einige auch für Insekten eingestuft. Der Einsatz von Gift zu Hause im Garten sollte also auch aus diesem Blickwinkel wohl überlegt werden.

Moos und Algen

Nicht nur in Schattenlagen wächst bald grünes Moos zwischen den Halmen. Es zeigt immer an, dass die herrschenden Bedingungen für Rasengräser nicht optimal sind. Der Boden ist zu dicht und zu wenig durchlässig, das Licht zu wenig oder die Beanspruchung zu stark. Moos ist immer auch ein Hungerzeichen des Rasens.

Bevor man sich also an die Bekämpfung des Mooses macht, sollte die gesamte Rasenanlage überdacht werden. Wo liegen die Mängel? Können sie behoben werden und mit welchem Aufwand? Lohnt sich eine Sanierung oder ist es besser, eine Neuansaat unter Vermeidung der alten Fehler zu unternehmen? Wenn man mit dem Rasen insgesamt zufrieden ist, sollte man vielleicht lieber seine persönliche Haltung überdenken und sich mit weichem Moos zwischen den Gräsern abfinden … oder am Ende gar anfreunden!

Vorbeugende Maßnahmen
Ausreichende Versorgung mit Nährstoffen, gut belüfteter, durchlässiger, lockerer Boden, regelmäßiges Entfernen des Rasenfilzes, um ein Speichern des Wassers im Bereich der Grasnarbe zu verhindern, und nicht zu tiefes Mähen

Aus dem im März noch schneebedeckten Rasen stechen Krokusse hervor. Ein Unkraut?

sind wichtige Pflegetipps, um Moos im Rasen nicht aufkommen zu lassen. Im Schatten sollte nicht tiefer als 5 cm gemäht werden, in der Sonne nicht tiefer als 3 cm. Lässt sich das Moos trotz all dieser Pflege und trotz Bekämpfung nicht dauerhaft entfernen bzw. steht die Pflege in keinem Verhältnis zum Ergebnis, so sollten auch Alternativen zum Rasen überlegt werden (siehe Seite 45).

Chemische Moosvernichter?
Es ist meist weder notwendig noch sinnvoll, Pflanzenschutzmittel gegen Moos einzusetzen. Oft verschwindet es bereits, wenn intensiver gedüngt und gleichzeitig vertikutiert wird. Der schlechte Allgemeinzustand des Rasens muss vor einer Bekämpfung verbessert werden.

Der meistverwendete Wirkstoff in Präparaten, die gegen Moos im Rasen helfen, ist Eisen-II-Sulfat. Er wird als Granulat oder als wasserlösliches Konzentrat angeboten. Moosvernichter werden fast immer mit Rasendüngern kombiniert angeboten. Denn die Bekämpfung hat nur dauerhaften Erfolg, wenn gleichzeitig die Gräser im Wuchs gefördert werden. Gestreut oder gespritzt sollte bei niedrigem Rasen werden. Zwei Tage nach einem Schnitt wird das Präparat laut Anweisung der Hersteller ausgebracht. Das Moos stirbt innerhalb von wenigen Tagen ab und kann nach einer Woche herausvertikutiert werden.

Zwei Monate nach dieser Prozedur sollten Sie noch einmal düngen, um einen neuerlichen Wuchs zu verhindern. Hinterlässt das Moos kahle Flecken, muss dort nachgesät werden.

Algen
Überall dort, wo Moos gedeiht, können auch Algen wachsen. Sie treten aber nur nach ungewöhnlich langen Regenperioden auf. Je nach Art bilden sich grüne bis schwärzliche, schleimige Beläge, die das ohnehin schwache Wachstum der Gräser im Schatten noch weiter behindern. Wird das Wetter besser, so trocknen die Algen ein, können aber beim nächsten längeren Schlechtwetter weiterwachsen. Die Bekämpfung beschränkt sich wie beim Moos in erster Linie auf eine Beseitigung der Mängel.

Vorsichtsmaßnahmen beim Umgang mit Herbiziden

- Staub nicht einatmen.
- Von Kindern und Haustieren fern halten.
- Von Nahrungsmitteln, Getränken und Futtermitteln fernhalten.
- Während der Verarbeitung nicht essen, trinken, rauchen.
- Berührung von Augen und Haut vermeiden.
- Tragen von Handschuhen während der Verarbeitung.
- Darf nicht in Oberflächengewässer gelangen.
- Vorsicht bei Abschwemmung vom Rasen durch Regen oder Bewässerung.
- Reste und Rückstände laut Empfehlung des Herstellers entsorgen.
- Verpackung zurückgeben oder schadlos vernichten.
- bei Ausbringung im Streuwagen: Vermeiden Sie eine Anhäufung des Granulates im Rasen durch Stopps während der Fahrt.

Der Rasen wird bunt

Im Garten wurde über lange Zeit hinweg zwischen „Gras“ und „Blumen“ streng unterschieden – hier der Rasen, dort das Beet.

Blumenrasen und Blumenwiese sind schöne Möglichkeiten, im Garten wieder zu vereinen, was sich in der Natur fast immer gemischt präsentiert.

Grüner Rasen oder Blumenwiese?

Der neu angelegte Rasen ist bald nicht mehr ein Teppich von Grashalmen allein. Löwenzahn, Gänseblümchen, Klee oder Wegerich machen den Gräsern ihren Platz streitig. Das ist meist der Startschuss zum Jäten, Ausstechen oder zur chemischen Unkrautbekämpfung. Viel Arbeit und Zeit wird verwendet, um wieder ein makelloses Meer an grünen Halmen zu erreichen. Diese Energie könnte aber auch in eine andere Richtung gelenkt werden. Denn auch Blumenrasen oder Blumenwiese erfordern Pflege und vor allem eines: Geduld. Blumenwiesensaatgut streuen und fertig ist die Wiese – das ist leider eine Illusion.

Blumenrasen

Während viele beim Wort Blumenwiese bestimmte Vorstellungen im Kopf haben, können mit dem Begriff Blumenrasen (auch „Naturrasen", „Kräuterrasen") wenige etwas anfangen. Er steht zwischen einem kurz geschnittenen, gepflegten Rasen und einer langhalmigen Blumenwiese, auch hinsichtlich seines Arbeitsaufwandes und seiner Belastbarkeit. Die Übergänge sind freilich fließend. Gänseblümchen und Klee im Rasen, im Frühling ein paar Krokusse und die ersten Primeln, so sehen die meisten Rasen in der Praxis aus. Von dieser häufig anzutreffenden Gesellschaft ausgehend lassen sich mit verschiedenen Blumenzwiebeln und klein bleibenden Stauden zum Verwildern bunte Rasenflächen gestalten. Vor allem Pflanzen mit flach am Boden wachsenden, niedrigen Rosetten wie Gänseblümchen macht Betreten und auch Mähen kaum etwas aus. Primeln aber brauchen Zeit, um ihre Samen auszustreuen, damit sich die Stauden aussäen können, denn sie sollen sich im Rasen ja vermehren. Da muss man sich mit dem ersten Schnitt im Jahr ein wenig Zeit lassen.

Krokusse, Schneeglöckchen oder Blausternchen blühen so früh im Jahr, dass sie schon wieder unter die Erde verschwinden, wenn die Gräser sich voll entwickeln. Sie verwildern im Rasen und breiten schließlich einen bunten Frühlingsteppich aus, der manchmal noch vom letzten Schnee berührt wird. Andere Zwiebel- und Knollenpflanzen müssen nach der Blüte in Ruhe langsam einziehen können, das gelb werdende Laub darf daher nicht zu früh gemäht werden. Entweder lässt man es als „Insel" stehen oder setzt größere Pflanzen wie Narzissen oder Tulpen an den Rand oder zu den Sträuchern, wo sie noch länger ungemäht stehen bleiben können.

Blumenrasen werden von Pflanzen besiedelt, die im Frühjahr oder im Frühsommer blühen. Will man im Sommer und im Herbst auch noch Blüten sehen, muss man durch gezieltes Pflanzen dafür sorgen. Es können im Garten neben heimischen Arten auch Exoten wachsen und neben Wildstauden auch Züchtungen, die ganz anders aussehen als ihre ursprünglichen Vorfahren.

Kompromiss mit Vorteilen

Ist ein Blumenrasen einmal etabliert, muss man ihn nur alle paar Wochen nach Bedarf mähen, wenn das Gras zu hoch zum Betreten geworden ist. Das gibt je nach Wuchsstärke des Grases 4 bis 8 Schnitte pro Jahr, wobei im Sommer zur Urlaubszeit eine längere Pause eingelegt werden kann. Grundsätzlich gilt:

Je häufiger Sie mähen, desto mehr wird der Blumenrasen von Gräsern dominiert und desto weniger „Kräuter“ siedeln sich an. Auch das Gießen kann reduziert werden und beschränkt sich auf längere Trockenperioden, denn viele Pflanzen im Blumenrasen holen sich dank eines weit reichenden Wurzelsystems das Wasser auch aus tieferen Bodenschichten.

Der Einsatz von Düngern und Pflanzenschutzmitteln erübrigt sich, ein Blumenrasen ist daher auch für biologisch wirtschaftende Hausgärtner und -gärtnerinnen eine brauchbare Alternative zum anspruchsvollen Rasen. Er sieht fast das ganze Jahr über besser und gepflegter aus als so manche Blumenwiese, wenn er auch im Frühling und Frühsommer am schönsten ist. Mit einem grünen, dicht bestockten Spielrasen kann er aber hinsichtlich seiner Trittfestigkeit nicht mithalten. Er ist eben ein Kompromiss zwischen erwünschter Belastbarkeit und bunten Blumen bei vergleichsweise geringerer Pflege. Eine kurze Wiese bzw. ein langer Rasen also mit jenen Arten darin, die einiges aushalten und mehrmaligen Schnitt im Jahr vertragen.

Herbstzeitlosen zum Verwildern im Rasen verlängern die Saison eines Blumenrasens. Wer die Schönheit ihrer Blüte nicht missen will, muss die grünen Blattbüschel im Frühjahr in Kauf nehmen.

Wenn die meisten Herbstzeitlosen schon verblüht sind, erscheint als letzter Blüher im September und Oktober der Herbstkrokus (Crocus speciosus).

Blumenrasen kann wie eine Blumenwiese angesät werden. Der „Umweg" über einen Rasen ist aber wohl der am meisten beschrittene Weg und soll daher hier vorgestellt werden.

1. Möglichkeit: Ausmagern und Warten

Das Mähen wird langsam reduziert und die Messer werden gleichzeitig immer höher gestellt, bis die höchste Einstellung erreicht ist. Einen Gebrauchsrasen sollte man etwa 4 cm tief mähen, ein Blumenrasen darf bis doppelt so hoch bleiben. Das Mähgut wird nach jedem Schnitt entfernt. Das macht den Boden mit den Jahren magerer und es stellen sich schwächer wüchsige Gräser und immer mehr Blüten ein. Die mehrmalige Mahd pro Jahr lässt aber im Gegensatz zur Blumenwiese nur klein bleibende Pflanzen wachsen. Jede Umstellung hat ihre Schwierigkeiten: In den ersten Jahren wird der Rasen stellenweise kahl und braun. Als erstes siedeln sich Nährstoff liebende Lückenfüller wie der Löwenzahn an, die meisten Kräuter folgen erst später nach. Wer ein paar Jahre Zeit hat, kann warten und zusehen, was sich von selbst entwickelt. Das Tempo hängt nicht zuletzt von der unmittelbaren Umgebung ab: Viele Wiesen oder „unkrautreiche" Rasen lassen Samen über den Zaun fliegen und im Rasen keimen.

2. Möglichkeit: ein wenig Nachhelfen

Wer es eiliger hat, kann Pflanzen selbst ansiedeln. Zwiebeln und Knollen werden bei Frühjahrsblühern von September bis Oktober und bei Herbstblühern schon ab August direkt in den Rasen gesetzt.

Bedecken Veilchen, Primeln und andere zeitig blühende Pflanzen im März den Boden, so muss mit dem ersten Mähen länger gewartet werden.

Als Faustregel für die Pflanztiefe gilt das Dreifache des Zwiebel- oder Knollendurchmessers (siehe Skizze Seite 66). Zugekaufte Blütenstauden im Container oder aus eigener Anzucht können ganzjährig gepflanzt werden. An der beabsichtigten Stelle im Rasen wird die Grasnarbe entfernt, in die mindestens halbquadratmetergroße Lücke werden diese Pflanzen gruppenweise gesetzt. Einmal angesiedelt breiten sich von diesen Inseln die bunten Tupfen mit den Jahren und abnehmendem Nährstoffgehalt im Blumenrasen aus. Auch in langhalmige Blumenwiesen kann man auf diese Weise Pflanzen setzen.

Haben Sie größere Flächen zur Verfügung, so ist die Anzucht aus Samen empfehlenswert. Sie direkt auf einen Rasen zu streuen bringt aber kaum Erfolg, denn sie brauchen zum Keimen offenen Boden. Diese Bedingungen können Sie schaffen, indem Sie an manchen Stellen ein Stück Grasnarbe entfernen. In die offenen Flächen wird gesät. Sämlinge haben es allerdings schwerer als vorgezogene Jungpflanzen, sich gegen die Konkurrenz der Gräser rings um sie zu behaupten, vor allem dann, wenn der Rasen nicht genügend ausgemagert ist und von wüchsigen Gräsern dominiert wird. Die Lücke im Rasen sollte daher mindestens einen Quadratmeter groß sein.

Wenn Kinder viel im Garten spielen, ist ein herkömmlicher Rasen anfangs vielleicht die bessere Wahl. Im Laufe der Jahre kann er aber zu einem Blumenrasen werden, wenn Wildheit und Toben etwas nachlassen. Wiederum etliche Jahre später, wenn die Enkelkinder nicht mehr so oft zu Besuch kommen und die nunmehrigen Großeltern das viele Mähen leid sind, wandelt sich der Blumenrasen allmählich in eine langhalmige Wiese.

TIPP

An stark belasteten Stellen wie Wegverbindungen oder Sitzplätzen hält sich ein Blumenrasen nicht lange. Hier helfen Trittplatten oder Natursteinpflaster. In den Fugen können Gräser, kleine Blütenstauden oder auch Moose wachsen. Ein solches grünes Pflaster wirkt weniger monoton, weicher und natürlicher und fügt sich gut in den Garten ein.

Vorgezogene oder gekaufte Stauden brauchen eine mindestens halbquadratmetergroße Lücke im Rasen, um sich ansiedeln zu können.

Zwiebeln und Knollen hingegen werden direkt in den Rasen gesetzt; die zur Erleichterung der Arbeit abgehobene Rasennarbe wird nach dem Pflanzen wieder geschlossen.

Empfehlenswerte Zwiebelpflanzen zum Verwildern im sonnigen Rasen

Name	Blüte-zeit	mittlere Höhe	Bemerkungen
Schneestolz *Chionodoxa luciliae*	4	10	blaue Blüten mit weißer Mitte, sät sich selbst aus, freie Rasenfläche, auch im Halbschatten
Krokus *Crocus ancyriensis*	2	5	gelb-orange, in Gruppen zu mindestens 10 Zwiebeln auf eine handtellergroße Fläche pflanzen
Crocus speciosus	9	20	lila, vermehrt sich durch Brutzwiebel und Selbstaussaat
Crocus tommasinianus	2–3	8	lila, reich blühend, sät sich selbst aus, freie Rasenfläche
Crocus vernus	2–3	8	Mischungen aus weißen mit gelben oder weißen mit blauen Pflanzen sehen oft besser aus als alle drei Farben zusammen, freie Rasenfläche
Schneeglöckchen *Galanthus elwesii*	1–2	10	weiß, besser geeignet zum Verwildern auf sonnigen, freien Flächen als die heimische Art *(Galanthus nivalis)*
Frühlingsknotenblume *Leucojum vernum*	2–3	15	weiß, nur auf frühlingsfeuchten Plätzen, eher am Rand und unter Bäumen oder Sträuchern
Traubenhyazinthe *Muscari armeniacum*	4	12	blau, vermehrt sich durch Brutzwiebeln problemlos, freie Rasenfläche, kann wuchern
Muscari azureum	4	10	himmelblau, sehr lange Blütezeit, freie Rasenfläche, verwildert leicht
Narzisse *Narcissus cyclamineus* 'Tête-à-Tête'	3	20	gelb, in Gruppen setzen und nur ringsum mähen, bis die Blätter vollständig eingezogen sind, freie Rasenfläche
Narcissus obvallaris	4	25	gelb, kleinblumige Wildform der Trompetennarzisse, wie oben
Milchstern *Ornithogalum umbellatum*	5	20	weiß, gut an sonnigen Hanglagen, liebt trockene Sommer, sät sich selbst aus
Puschkinie *Puschkinia libanotica*	3–4	15	hellblaue Blüten mit blauem Mittelstreifen, am Rand des Rasens zu Gehölzen hin
Blausternchen *Scilla bifolia*	2–3	8	blau, sät sich selbst aus, für freie Rasenflächen
Scilla (Othocallis) sibirica	4	10	blau, sät sich selbst aus, für freie Rasenflächen
Wildtulpe *Tulipa pulchella humilis*	3–4	12	rosa, in Gruppen setzen, nicht ganz leicht im freien Rasen zu verwildern, Laub nicht vor Mai mähen

TIPP

Gerade so genannte „Botanische“ oder „Wilde“ Zwiebel- und Knollenpflanzen werden leider immer noch zu Millionen Stück von Naturstandorten vor allem aus der Türkei und aus Georgien entnommen. Ein enormer Raubbau an der Natur, gefördert durch die Armut der Bevölkerung und die Ahnungslosigkeit von Gärtnern. Kaufen Sie nur Zwiebel- und Knollenpflanzen mit dem Aufdruck „aus Kulturmaterial vermehrt“.

Blumenwiesen

Gestattet man dem Blumenrasen immerhin 15 oder 20 cm Höhe, bis der Rasenmäher kommt, so lässt man eine Blumenwiese „auswachsen": Gräser dürfen blühen, Stauden, Zweijährige und Einjährige wachsen zu ihrer vollen Größe heran. Das bedeutet im Gegensatz zu herkömmlichem Rasen oder einem Blumenrasen eine Einschränkung in der Benutzung: Wer eine langhalmige Blumenwiese betritt, zieht eine breite Spur hinter sich. Spielende Kinder, gut besuchte Feste, Ballspiele oder andere intensive Nutzungen lassen sich mit Blumenwiesen nicht vereinbaren. Nun hat man sie aber womöglich nicht angelegt, um ihre Schönheit nur aus der Ferne zu bestaunen, sondern um Blumen zu pflücken oder darin zu picknicken. Mit ein paar Tricks kann man ein Betreten ermöglichen und die Wiese gleichzeitig schonen. Ein regelmäßig gemähter Weg ist eine solche Lösung. Er kann gerade, gewunden oder sogar in rechten Winkeln kreuz und quer durch die Wiese führen und ist so breit wie der Rasenmäher, der ihn freihält. Ebenso können Sie eine Fläche in der Mitte kurz halten, um hier eine Decke aufzubreiten oder einen Liegestuhl aufzustellen. Ist der Garten groß genug, können Blumenwiesen eher in den Randbereichen angesiedelt werden, während die Hauptspielfläche für einen Rasen reserviert bleibt.

Zwiebelpflanzen wie zum Beispiel Zierlauch-Arten (Allium giganteum, A. afflatuense u.a.) verleihen Wiesensäumen besonderen Charakter.

Säume

Es müssen nicht immer große, zusammenhängende Wiesenflächen sein. Im Garten gibt es viele Bereiche, wo hoch wachsende Gräser und Blütenstauden nicht stören, selbst wenn der kurz geschorene Rasen dominiert: breitere Heckensäume, „Inseln" rund um Solitärsträucher oder Bäume, Streifen entlang von Mauern und Zäunen oder unpraktische Ecken und abgelegene Winkel.

Werden sie nicht jährlich gemäht, so lassen sich auch spezielle Saumpflanzen als effektvolle hohe Solitärstauden ansiedeln, wie z.B. die bunte Kronwicke *(Securigera varia)*.

Hänge

Steile Böschungen oder unzugängliche Hänge sind gute Standorte, um extensive Blumenwiesen anzusiedeln. Gemäht wird mit Sichel und Sense oder, bei größeren Flächen, mit einem Balkenmäher oder der Motorsense (siehe Seite 80). Beim Anbau auf Hängen kann es passieren, dass Wind und starke Regenfälle die Samen vertragen oder abschwemmen. Je unebener und ungenauer solche Flächen modelliert sind, desto mehr Nischen gibt es, wo die Samen liegen bleiben. Je steiler die Böschung, desto gröber sollte ihr Relief sein.

Hier sind Wiesen nicht zu empfehlen

- Im vollen Schatten: Eine Wiese bildet Lücken und gleicht eher Waldunterwuchs. Alternative: niedrige Begrünung mit Bodendeckern, Gräsern und Farnen oder ein Schattenbeet mit höheren Waldstauden anlegen.
- Auf sehr nährstoffreichen Böden: Höhenwachstum, Artenarmut und häufig notwendiger Schnitt lassen keine bunte Wiese zu. Alternative: Rasen oder Blumenbeet mit hoch wachsenden Blütenstauden (Wie eine „Prärie“ oder „Blumenwildnis“).
- Wo es immer hübsch und grün sein sollte. Alternative: Rasen, Blumenbeet oder pflegeleichte Bodendecker.
- Wo sich viele Leute aufhalten oder gehen. Alternative: Rasen, eventuell auch Blumenrasen, Pflaster mit breiten, begrünten Fugen.
- Wenn Sie keine Arbeit haben wollen: Wiesen leben von der Pflege durch den Menschen und entstehen erst durch das Zusammenspiel von Mensch und Natur. Alternative: robuste Bodendecker.
- Wo alle Nachbarn ringsum auf ihren unkrautfreien Rasen besonders stolz sind.

Der Boden ist die Basis

Eine Blumenwiese ist wie ein Gewebe, geflochten aus Gräsern und Blumen. Nährstoffreicher Boden fördert kräftige, stark- und schnellwüchsige Pflanzen – wenige Arten auf Kosten der Vielfalt. Gräser profitieren durch die häufig notwendige Mahd, weil sie rascher nachwachsen können, und bilden ein so dichtes Geflecht an Halmen und Wurzeln, dass die meisten Wiesenblumen (oft auch als „Kräuter“ oder „Wiesenkräuter“ bezeichnet) keine Chancen haben sich anzusiedeln. Solche Wiesen sind daher artenarm, sie liefern aber dank ihres starken Wachstums hohe Grünfuttererträge in der Landwirtschaft.

Auf ärmeren Böden können nur mehr schwach wachsende Pflanzen gedeihen, dafür aber viele Arten nebeneinander. Die Gräser bedecken nicht den ganzen Boden und lassen genug offene Stellen für blühende Stauden und ein- oder zweijährige Blumen frei. Daher sind Wiesen auf magerem Standort sehr vielfältig und bunt. Obwohl die Farbtupfer darin am meisten auffallen, bilden doch die Gräser stets das Gerüst, in dem alles wächst. Sie sind die Hauptsache und müssen daher gut ausgesucht werden. Blumenwiesensaatgut enthält 60 bis 75 % Gräser.

Baustelle

Das Haus ist soweit fertig. Der zukünftige Garten aber sieht schlimm aus, der Unterboden liegt blank. Planen Sie die Anlage einer Blumenwiese, so erspart Ihnen dieser Umstand viel Arbeit, denn Sie brauchen genau einen mageren, gut durchlässigen Boden. Lassen Sie diese Flächen frei, wenn Sie Erde oder den vor dem Bauen beiseite geschobenen Oberboden im Garten aufbringen, lockern Sie aber gründlich mit Grabgabel oder Spaten. Auf sehr steinigem, schottrigem oder unbelebtem Unterboden kann sich jedoch keine Wiese entwickeln, die den Boden dicht bedeckt. Hier wachsen einjährige Kräuter und Pionierpflanzen. Sie können

nachweislich (!) von einer artenreichen Wiese stammenden Boden aufbringen lassen, wenn es Ihnen gelingt, einen solchen bei Erdbaufirmen oder Landwirten aufzutreiben. Magere Gartenerde wäre eine Alternative, doch niemals Kompost oder andere nährstoffreiche Erde. Je vielfältiger die Bodenverhältnisse, desto vielfältiger wird sich auch die darauf wachsende Wiese entwickeln.

Blumenwiesen anlegen

Wenn man vorhandenen Rasen oder Blumenrasen über viele Jahre ausmagert und seltener mäht, siedeln sich von selbst Pflanzen an, die in der unmittelbaren Nachbarschaft vorkommen. Nach und nach entsteht eine Blumenwiese mit einer für diesen Boden optimal angepassten Artenmischung. In den meisten Fällen, wenn der Wunsch nach einer Blumenwiese besteht, ist aber eine Neuanlage mit Blumenwiesensaatgut der beste Rat.

Wiesen im Test

Blumenwiesen boomen. Das Angebot an Saatgutmischungen ist nicht nur für Einzelkunden unüberschaubar geworden. Doch allzu viele Gärtner können von Misserfolgen und enttäuschenden Ergebnissen berichten, wenn nicht im ersten, dann spätestens im zweiten und dritten Jahr der Wiese, wenn einjährige Ackerwildkräuter wie Klatschmohn, Kornblume und Kamille sich verabschiedet haben. Sie hielt nicht, was das bunte Bild auf der Packung versprach. Die darauf angegebene Artenliste der Saatmischung ist für Laien nicht immer eine Hilfe und manchmal fehlt eine solche Liste auch. Außerdem keimt immer nur ein Bruchteil der angeführten Arten. Bei unabhängigen Tests von Versuchsanstalten trennt sich die Spreu vom Weizen. Gerade die großen, renommierten Anbieter mit hohem Marktanteil schneiden oft schlecht ab. Das ist schade, denn gerade mit diesen bekannten, überall erhältlichen Marken-Mischungen wird Jahr für Jahr viel Fläche erfolglos angebaut. Kleine Anbieter, die lokal angepasstes Saatgut produzieren, bekommen die besseren Noten (siehe Anhang).

Bunte Blumenwiesen brauchen Zeit, Pflege und die richtigen Standortbedingungen. Dass Wiesen keine Arbeit machen und schnell herbeizuzaubern sind, ist ein weit verbreiteter Irrtum.

Schritt 1: Die richtige Mischung

Auch pH-Wert, Humusgehalt, Niederschlagsmenge, Sonneneinstrahlung, die beabsichtigte

stickstoffreicher Mist mit aufgesetzt werden.

Eine weitere Möglichkeit, die Igel und andere Nützlinge im Garten besonders freut: Lassen Sie einen Heuhaufen in einer Gartenecke wachsen. Auch Vögel lassen sich gerne darauf nieder.

Wiese ohne Gräser?

Zwischen, neben oder gar anstatt Blumenwiesen-Saatgut werden auch Packungen mit schönen Bildern und noch schöneren Namen („Blühendes Kornfeld“, „Blütenteppich aus 1001 Nacht“ u.a.) angeboten. Sie sind nichts anderes als einjährige Sommerblumenmischungen. Es spricht nichts dagegen, sie zu kaufen und zu säen, solange man nicht erwartet, damit eine Wiese angelegt zu haben. Auch bedecken die sich entwickelnden Pflanzen den Boden nie so vollständig, wie man es von Gräsern kennt, die ja das „Rückgrat“ jeder Wiese bilden. Es können sich daher Unkräuter leichter dazwischen schummeln und den erwarteten Blütenteppich

Das freut früh blühende Zwiebelpflanzen. Ein Schnitt nach Mitte oder Ende August beeinflusst die Artenzusammensetzung allerdings nicht mehr.

Schritt 4: Die weitere Pflege
Im folgenden Jahr wird die Wiese bei nährstoffreicherem Boden zweimal (ab Juni/Juli und im späten Herbst) und nur bei sehr magerem Boden einmal gemäht. Ein zu früher Mähtermin vor Mitte Juni fördert nur starkwüchsige, Ausläufer bildende Gräser und bedeutet meist auch, dass sich viele Wiesenblumen noch nicht einmal aussamen konnten. Die Vielfalt geht zurück. Sie als Gärtner oder Gärtnerin bestimmen mit der Art und Häufigkeit der Mahd die Zusammensetzung der Wiese.

Als Faustregel gilt: Wenn die Blüte der für Sie wertvollsten Blumen vorüber und die Wiese nicht mehr so schön ist, dann sollten Sie mähen. Sie fördern dadurch automatisch jene Wiesenblumen, die Sie mögen. Das Heu bleibt zwei bis drei Tage liegen und kann einmal gewendet werden, damit die Samen besser ausfallen. Danach wird es zusammengerecht und weggebracht.

Sie können die Vielfalt in Ihrer Wiese aber auch noch anders bereichern. Wenn Sie interessante Entdeckungen in Katalogen, Gärtnereien oder in Nachbars Garten gemacht haben, so spricht nichts dagegen, die Neuigkeiten in die Wiese zu integrieren. Vorausgesetzt natürlich, dass sie mit den ökologischen Bedingungen zurechtkommen und dem harten Konkurrenzkampf im Wiesendschungel gewachsen sind. Direkte Einsaaten bringen hier allerdings noch weniger Erfolg als beim Blumenrasen. Besser ist es, gekaufte oder selbst gezogene, kräftige Jungpflanzen an eine vorbereitete Stelle in der Wiese zu setzen.

Nach einem Regentag lassen sich die Büschel von Horstgräsern leicht aus der Erde ziehen, dann sollte ein mindestens einen Quadratmeter großer Fleck umgestochen und alle Wurzeln und Rhizome vollständig entfernt werden. Die Samen werden gestreut oder die jungen Pflanzen gesetzt, angegossen und dann ihrem Schicksal überlassen. Auch Blumenzwiebeln passen in Wiesen und können die Blühphase in jede Richtung deutlich verlängern (siehe Seite 66).

Wohin mit dem Heu?
Als Einstreu oder Futter für Haustiere oder als Mulchmaterial im Gemüsegarten, wenn Sie nicht von Nacktschnecken geplagt werden, bringt das Heu noch weiteren Nutzen. Auf dem Kompost verrottet es nur, wenn genügend frisches Pflanzenmaterial oder

TIPP

Wenn man eine Wiesenfläche nicht überall gleichzeitig mäht, sondern zum Beispiel einen Teil im Juni/Juli, einen anderen im Herbst und wieder einen anderen nur jedes zweite Jahr, dann werden sich aus der vorhandenen Saat unterschiedliche Pflanzengemeinschaften entwickeln und die Vielfalt im Garten vergrößern. Ebenso kann man eine Wiese in einem Jahr nicht vor Juli mähen, im nächsten dafür schon etwas früher. Es lohnt sich zu experimentieren, und abwechslungsreiche Mahd erhöht durch Nachblüher den Reichtum an Blüten.

Spätestens dann sollte man die Wiese aber sich selbst überlassen. Es werden sich alle Pflanzen behaupten, denen die herrschenden Bedingungen zusagen.

Als Anbauzeitpunkt ist der Herbst zu empfehlen. Meist ist es dann ausreichend feucht und die Frostkeimer bekommen über den Winter genug Kälte, um im nächsten Jahr zu keimen. Im Frühling sollte ein Anbau nur bis März erfolgen. Einerseits wegen der Feuchtigkeit im Boden, andererseits, weil Sie es vor allem bei nährstoffreichen Böden mit Melde (*Atriplex*-Arten), Gänsefuß (*Chenopodium*-Arten) und anderen Unkräutern zu tun bekommen. Diese bodenbürtigen Pflanzen entwickeln sich bei späterem Anbau viel schneller als die Wiesenblumen und sind nur mit einem Reinigungsschnitt in Schach zu halten. Beim herbstlichen Saattermin fallen diese Probleme weg, da die Pflanzen zu diesem Zeitpunkt bereits gut entwickelt sind.

Zuerst keimen ein- und zweijährige Pflanzen rasch und problemlos. Sie begrünen und beschatten als Decksaat den offenen Boden und unterdrücken Unkräuter, deren Samen oder Rhizome im Boden auf ihre Chance gewartet haben. Erst in ihrem Schatten keimen dann viele Mehrjährige; manche von ihnen stellen sogar ganz bestimmte Bedingungen für eine Keimung und zeigen ihre ersten Blättchen erst nach zwei, drei oder mehr Jahren des Schlummerns im Boden. Sind die ausdauernden Wiesenblumen aber einmal da, blühen sie viele Jahre und vermehren sich. Ein- und Zweijährigen bleibt kein Plätzchen offenen Bodens mehr und sie verschwinden. Eine Wiese erfordert Geduld, beschert aber auch nach Jahren immer wieder Überraschungen – auch durch Windeintrag und Vögel oder andere Boten von außerhalb des Gartens.

Blumenwiesen in unserer Landschaft sind Jahrzehnte oder Jahrhunderte alt. Im Garten vergeht zwar weniger Zeit, aber die nötige Geduld in den ersten Jahren und ein gewisses Maß an Arbeit und Pflege müssen Sie auch hier aufbringen.

Schritt 3: **Der erste und der letzte Schnitt**

Wenn die meisten Pflanzen eine Höhe von 10 cm erreicht haben, kann bei Bedarf ein Reinigungsschnitt erfolgen. Diese Maßnahme ist meist nur dann notwendig, wenn der Saattermin ungünstig gewählt wurde. Sind die Keimlinge in der Wiese stark genug entwickelt wenn die Unkräuter keimen, reicht ein erster Schnitt ab Mitte Juni.

Vor dem Winter empfiehlt sich ein später Schnitt im Herbst nach den letzten Blüten, damit die Wiese kurz in die kalte Jahreszeit geht.

Zahl der Schnitte pro Jahr, die Neigung eines Hanges und seine Ausrichtung zur Sonne bestimmen die Artenzusammensetzung. Je genauer eine Saatmischung auf Ihren Boden zurechtgeschnitten ist, desto größer sind die Chancen auf eine erfolgreich etablierte Wiese. Bei solchen „Extra-Anfertigungen“ kann nicht nur auf ökologische Gegebenheiten, sondern auch auf spezielle Wünsche wie Lieblingsfarben oder Lieblingsblumen eingegangen werden.

Fertigmischungen vom Baumarkt sind wie ein Schuss ins Blaue: Mischungen für alle Fälle. Da kann der eine auf Kompost in den Bergen anbauen und die andere auf steinigem Boden in einem Gebiet mit wenig Niederschlägen. Das Ergebnis wird völlig unterschiedlich ausfallen und – weiter gedacht – ist es eigentlich nicht sinnvoll, eine Mischung für ganz Mitteleuropa anzubieten.

Wenn man bedenkt, wie viel Geld für Fertigmischungen ausgegeben wird, die keine dauerhafte Wiese ergeben und wieder umgestochen werden, dann lohnt sich der einmalige Einkauf bei einem auf Blumenwiesensaatgut spezialisierten Betrieb auf jeden Fall und Sie können mit guter Beratung rechnen (siehe Anhang). Meist wird für eine solche Mischung eine Grundlage aus gedroschenem Heu von Wiesen auf vergleichbarem Standort verwendet, in die dann laut Ihren Angaben passende oder speziell gewünschte Einzelpflanzen gemischt werden.

Schritt 2: Bodenvorbereitung und Anbau

Der Anbau einer Blumenwiese unterscheidet sich in der Technik nicht vom Aussäen eines Rasens. Unebenheiten oder gröbere Erdklumpen stören nicht weiter. Die Praxis hat gezeigt, dass gute Durchlässigkeit, intaktes Bodenleben und tiefgründiger, lockerer Boden eine große Rolle spielen.

Mit der Hand, mit einer Sämaschine oder dem sauberen Düngerstreuer wird das Saatgut ausgebracht. Mischen mit Sand, um die gestreuten Samen auf der Erde besser zu sehen, und mehrmaliges, kreuzweises Durchgehen hilft, gleichmäßig zu säen (siehe Seite 26). Durch möglichst seichtes Einrechen und Anwalzen sollten die Samen nicht tiefer als sie selber groß sind in den Boden gelangen.

Tipp

In Blumenwiesenmischungen sollten keine für landwirtschaftliche Ziele wie rasches Wachstum oder hohen Ertrag gezüchteten Pflanzenarten oder -sorten enthalten sein. Sie würden die langsam und schwach wachsenden Wiesenblumen überwuchern und verdrängen, sind wenig bunt und geben noch dazu viel Arbeit durch ihr ungestümes Wachsen.

Bevor man sie zu tief einrecht, kann man auch nur einmal kräftig einwässern oder einen bedeckten Tag mit anschließendem Regen abwarten, um einen guten Bodenkontakt der Samen zu sichern. Danach wird die Saat sich selbst überlassen. Wenn das Wetter für die Keimung zu trocken ist, bleiben die Samen einfach so lange liegen, bis die Bedingungen optimal sind. Wer auf Nummer sicher gehen will, kann auch bei Blumenwiesen für gleichmäßige Feuchtigkeit bis zum Aufgang sorgen.

Zahl der Schnitte pro Jahr, die Neigung eines Hanges und seine Ausrichtung zur Sonne bestimmen die Artenzusammensetzung. Je genauer eine Saatmischung auf Ihren Boden zurechtgeschnitten ist, desto größer sind die Chancen auf eine erfolgreich etablierte Wiese. Bei solchen „Extra-Anfertigungen" kann nicht nur auf ökologische Gegebenheiten, sondern auch auf spezielle Wünsche wie Lieblingsfarben oder Lieblingsblumen eingegangen werden.

Fertigmischungen vom Baumarkt sind wie ein Schuss ins Blaue: Mischungen für alle Fälle. Da kann der eine auf Kompost in den Bergen anbauen und die andere auf steinigem Boden in einem Gebiet mit wenig Niederschlägen. Das Ergebnis wird völlig unterschiedlich ausfallen und – weiter gedacht – ist es eigentlich nicht sinnvoll, eine Mischung für ganz Mitteleuropa anzubieten.

Wenn man bedenkt, wie viel Geld für Fertigmischungen ausgegeben wird, die keine dauerhafte Wiese ergeben und wieder umgestochen werden, dann lohnt sich der einmalige Einkauf bei einem auf Blumenwiesensaatgut spezialisierten Betrieb auf jeden Fall und Sie können mit guter Beratung rechnen (siehe Anhang). Meist wird für eine solche Mischung eine Grundlage aus gedroschenem Heu von Wiesen auf vergleichbarem Standort verwendet, in die dann laut Ihren Angaben passende oder speziell gewünschte Einzelpflanzen gemischt werden.

Schritt 2: Bodenvorbereitung und Anbau

Der Anbau einer Blumenwiese unterscheidet sich in der Technik nicht vom Aussäen eines Rasens. Unebenheiten oder gröbere Erdklumpen stören nicht weiter. Die Praxis hat gezeigt, dass gute Durchlässigkeit, intaktes Bodenleben und tiefgründiger, lockerer Boden eine große Rolle spielen.

Mit der Hand, mit einer Sämaschine oder dem sauberen Düngerstreuer wird das Saatgut ausgebracht. Mischen mit Sand, um die gestreuten Samen auf der Erde besser zu sehen, und mehrmaliges, kreuzweises Durchgehen hilft, gleichmäßig zu säen (siehe Seite 26). Durch möglichst seichtes Einrechen und Anwalzen sollten die Samen nicht tiefer als sie selber groß sind in den Boden gelangen.

> **TIPP**
>
> *In Blumenwiesenmischungen sollten keine für landwirtschaftliche Ziele wie rasches Wachstum oder hohen Ertrag gezüchteten Pflanzenarten oder -sorten enthalten sein. Sie würden die langsam und schwach wachsenden Wiesenblumen überwuchern und verdrängen, sind wenig bunt und geben noch dazu viel Arbeit durch ihr ungestümes Wachsen.*

Bevor man sie zu tief einrecht, kann man auch nur einmal kräftig einwässern oder einen bedeckten Tag mit anschließendem Regen abwarten, um einen guten Bodenkontakt der Samen zu sichern. Danach wird die Saat sich selbst überlassen. Wenn das Wetter für die Keimung zu trocken ist, bleiben die Samen einfach so lange liegen, bis die Bedingungen optimal sind. Wer auf Nummer sicher gehen will, kann auch bei Blumenwiesen für gleichmäßige Feuchtigkeit bis zum Aufgang sorgen.

stickstoffreicher Mist mit aufgesetzt werden.

Eine weitere Möglichkeit, die Igel und andere Nützlinge im Garten besonders freut: Lassen Sie einen Heuhaufen in einer Gartenecke wachsen. Auch Vögel lassen sich gerne darauf nieder.

Wiese ohne Gräser?

Zwischen, neben oder gar anstatt Blumenwiesen-Saatgut werden auch Packungen mit schönen Bildern und noch schöneren Namen („Blühendes Kornfeld", „Blütenteppich aus 1001 Nacht" u.a.) angeboten. Sie sind nichts anderes als einjährige Sommerblumenmischungen. Es spricht nichts dagegen, sie zu kaufen und zu säen, solange man nicht erwartet, damit eine Wiese angelegt zu haben. Auch bedecken die sich entwickelnden Pflanzen den Boden nie so vollständig, wie man es von Gräsern kennt, die ja das „Rückgrat" jeder Wiese bilden. Es können sich daher Unkräuter leichter dazwischen schummeln und den erwarteten Blütenteppich

unter Umständen verderben. Die verführerischen Packungen gleichen den Wundertüten der Kinder. Eine Überraschung nach der anderen erblüht und macht das Gärtnern vom Frühling bis zum Herbst spannend. Am Rand einer Wiese, fleckenweise auf offenen Boden, im Sommerblumenbeet oder auch im Balkonkistchen können Sie jedes Jahr neu gesät werden.

Blühendes Kornfeld

Roter Klatschmohn *(Papaver rhoeas)*, blauer Rittersporn *(Consolida regalis)*, himmelblaue Kornblume *(Centaurea cyanus)*, purpurne Kornrade *(Agrostemma githago)* und die gelbweiße Kamille *(Matricaria recutita)* haben mit einer Blumenwiese eigentlich nichts zu tun. Trotzdem sind sie oft Bestandteil vieler Saatmischungen. Sie keimen sicher, machen die Wiese im ersten Jahr bunt und sind somit eine Art rustikale Blühgarantie. Entwickeln sich dann die mehrjährigen Pflanzen, so ist es mit dem Zauber vorbei. Die Samen brauchen nährstoffreichen (!) und vor allem jährlich umgebrochenen Boden wie in einem Getreideacker und keimen daher nicht mehr.

◄ Die einjährige Unkrautflora der Kornfelder wird im Garten wie es scheint umso beliebter, je seltener man sie draußen noch irgendwo zu sehen bekommt.

Das Problem ist nicht, dass sie in Wiesenblumensaatgut enthalten sind, denn sie erfüllen ja als Schnellkeimer eine wichtige Funktion. Es liegt vielmehr darin, dass in vielen Mischungen nach ihnen außer Margeriten und Klee

kaum anderes mehr keimt. Und ein Kleefeld ist keine Blumenwiese. Wer Mohn und Kornblume jedes Jahr haben will, muss dafür sorgen, dass ein Stück Boden offen bleibt, damit die Samen keimen können, oder einfach im Frühjahr ein Fleckchen umstechen und immer wieder neu ansäen.

Nicht immer schön

Wer sich für eine Blumenwiese entscheidet, sollte wissen, dass es Tage und manchmal auch Wochen gibt, wo ihr Anblick wenig erfreulich sein wird. Nicht immer werden Sie auf ein im Wind wogendes Meer von Halmen mit bunten Farbklecksen blicken können. Nach einem schweren Gewitterregen etwa, wenn alles flach wie niedergetrampelt daliegt; oder kurz vor dem Mähen, wenn viele Pflanzen braun und trocken geworden sind und ihre Samen ausstreuen; oder nach der Mahd im Spätsommer, wenn einsetzende Dürre doch wieder die längst vergessen geglaubte Sehnsucht nach einem frischen, grünen, bewässerten Rasen erwachen lässt. Sträucher oder große, trockenheitsverträgliche Solitärstauden wie Königskerzen (*Verbascum*-Arten) in der Wiese sowie imposante Saumpflanzen wie Kugeldistel (*Echinops*-Arten) oder Fingerhut *(Digitalis purpurea)* an ihrem Rand, die sich genau dann von ihrer schönsten Seiten zeigen, sind eine Wohltat fürs Auge. Ein Trost mag außerdem sein, dass eine Wiese als dynamische Gesellschaft ständig in Veränderung ist und sich ihr Gesicht im Laufe eines und aller folgenden Jahre ändert. Es wird wieder grün und bunt werden, spätestens im nächsten Frühjahr.

Der Rasen muss gepflegt werden

Schneiden, düngen, mähen, ganz kurz oder etwas länger, Laub rechen, Filz heraus, Nährstoffe hinein … ein feiner Rasen will gepflegt sein.

Bei dem unüberschaubaren Angebot an Rasenmähern, Düngern und anderen Pflegeutensilien ist es nicht immer leicht, genau die richtige Wahl zu treffen. Ein kleiner Überblick soll Ihnen dabei helfen.

Mähen

Das Rasenmähen ist wohl die häufigste Arbeit, die im durchschnittlichen Hausgarten anfällt. Oftmaliger Schnitt regt die Bestockung an: Zahlreiche Nebentriebe werden gebildet, die eine dichte Rasennarbe erst möglich machen. Die enorme Regenerationsfähigkeit des Rasens fordert aber auch ihren Tribut. Durch die immer wiederkehrende Mahd verlieren die Gräser große Blattmassen und damit organische Substanz, die ständig erneuert werden muss. Daraus erklärt sich auch der hohe Nährstoff- und Wasserbedarf der Intensivkultur Rasen.

Rasenschnitt

Ob mit der Hand zusammengerecht oder aus dem Fangkorb geschüttelt: Was soll mit dem häufig anfallenden Rasenschnitt geschehen? Als Mulchmaterial im Gemüsegarten ist er nur bedingt zu empfehlen, denn er bietet Nacktschnecken Futter und Unterschlupf und kann, zu dicht aufgebracht, faulen. Unter Sträuchern und Bäumen lässt sich mit Rasen aber gefahrlos mulchen, der Rest kommt auf den Kompost.

Doch Vorsicht: Rasenschnitt neigt zum Faulen, denn die Halme kleben zusammen und lassen keine Luft durch. Man muss Kompost daher stets mit ausreichend „Stützmaterial“ wie gehäckselten Ästen und Zweigen aufsetzen, um die Rotte in Gang zu bringen. Günstig ist auch ein Mischen mit Heu von Blumenwiesen, das alleine wiederum sehr schlecht und nur langsam verrottet.

Mähtechniken im Vergleich

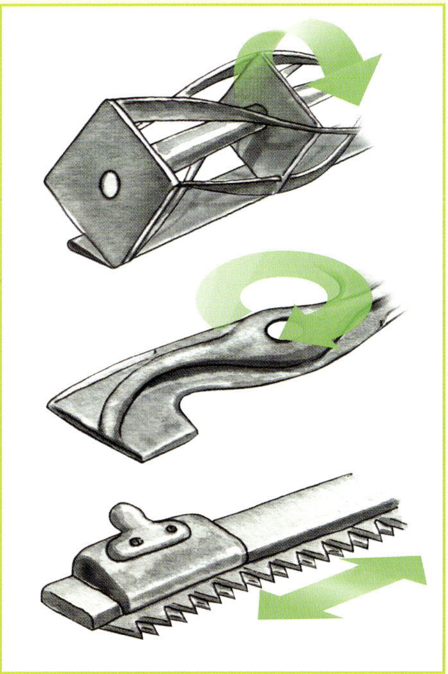

Typ 1: Spindelmäher
Rotierende Messerwalze („Spindel“) und fest montierte Gegenschneide garantieren einen sauberen Schnitt ähnlich einer Schere und damit höchste Schnittqualität.

Typ 2: Sichelmäher
Das Messer rotiert an einer senkrechten Achse und schlägt die Halme ab, Schnittqualität kommt nicht an die beiden anderen Typen heran.

Typ 3: Balkenmäher
An einem fest montierten Messerbalken fährt ein bewegliches Messerblatt hin- und her; gute Schnittqualität.

Tipp

Die Schnitthöhenverstellung sollte bei einem Rasenmäher möglichst einfach zu bedienen sein. Eine Griffhöhenverstellung ist nicht nur bei verschieden großen mähenden Personen ein angenehmes Detail, sondern erleichtert auch den Schnitt unter Bäumen und Sträuchern.

Verschiedene Mähgeräte mit ihren Vor- und Nachteilen

Rasen

Mähgerät	Typ	Pro und contra	Gartengröße/Rasenfläche
Handspindelmäher	1	schneidet Gras sehr exakt und glatt ab, nicht für zu hohes, mastiges Gras (bis ca. 8 cm), umweltfreundlich, leise, billig, leicht zu manövrieren, aber oft schwer zu schieben: auch mit kleinem Akku und Elektroantrieb aufrüstbar, Nachschleifen der Messer besser Fachleuten in der Werkstatt überlassen	in kleinen Gärten, Reihenhausgärten, Stadtgärten mit bis zu 100 m^2 Rasen
Benzinspindelmäher	1	höchste Schnittqualität, schneidet Gras sehr exakt und glatt ab, nicht für zu hohes, mastiges Gras (bis ca. 8 cm), teuer	in größeren Gärten, auch für professionelle Zwecke: Sportplatz, Golfplatz etc.
Sichelmäher mit Benzinmotorantrieb	2	ohne Kabel, daher auch bei vielen Bäumen und Sträuchern im Rasen verwendbar, leistungsstark, schneidet auch höheres Gras (15 cm), laut, hohes Gewicht: auch mit Radantrieb erhältlich, reparaturanfälliger, Schadstoffausstoß, Messer können meist selbst nachgeschliffen werden	in größeren Gärten
Sichelmäher mit Elektroantrieb	2	mit Kabel, daher nur bei freien Rasenflächen ohne Winkel und hohe Gehölze, geringeres Gewicht, leise im Betrieb, für nicht zu hohes Gras (ca. 8 cm), Messer können meist selbst nachgeschliffen werden	in kleinen und großen Gärten, wenn Stromanschluss und Kabelführung kein Problem sind
Akkusichelmäher	2	ohne Kabel, hohes Gewicht, teurer, beachten Sie die angegebene Kapazität des Akkus, Zweitakku erhöht die Reichweite	je nach Akku, nicht für zu große Gärten
Aufsitzmäher, Rasentraktor	2	teuer, hoher Wartungsaufwand, im hügeligen Gelände nicht zu empfehlen	nur für sehr große Gärten mit ausgedehnten Rasenflächen
Luftkissenmäher	2	bietet an steileren Hängen Vorteile, da er leicht zu schieben ist, geringes Gewicht	für Hanggärten
Mähroboter	2	unabhängig von der Stromversorgung durch Akku- oder Solarantrieb, leise im Betrieb, fährt und mäht selbst, teuer und relativ neu am Markt und daher noch wenig erprobt	in kleinen und mittleren Gärten mit zusammenhängender Rasenfläche
Schnurtrimmer	-	für unzugängliche Stellen und Ränder, nicht für geschlossene Flächen, laut im Betrieb, mit Elektro- oder Benzinantrieb, hoher Verbrauch an Nylonschnur, Helm mit Augen- und Gehörschutz tragen, Nachschleifen der Messer entfällt	in allen Gärten
Rasenschere	-	zum Schneiden von Rändern	kleinste Rasenflächen (Gräber, ...) und alle Rasenränder

Rasenpflegegeräte bedürfen der Wartung. Bei jeglichem Hantieren oder Säubern des Gehäuses vom Rasenschnittgut sollte der Kontakt zur Zündkerze unterbrochen werden. So kann man ein versehentliches Starten des Motors unterbinden.

Wiese

Mähgerät	Typ	Pro und contra	Gartengröße/Rasenfläche
Sense	–	Mähen erfordert Übung, ebenso das Wetzen (Schärfen) und das Dengeln (Schneide ausbessern), bei scharfer Sense sehr gute Schnitteigenschaften, auch am Hang und bei Hindernissen im Rasen geeignet, Stiel- und v.a. Schneidlänge müssen zur Körpergröße passen	bei guter Kondition auch in großen Gärten mit Wiesen, sonst bis ca. 200 m^2 Wiesenfläche
Sichel	–	für unzugängliche Hänge und Ecken, für Kanten oder für kleine Flecken Wiese, oftmaliges Schärfen notwendig	kleine Wiesenflächen oder Wiesensäume in allen Gärten
Wiesenmäher	2	kräftige Geräte mit Benzinmotor und Radantrieb bewältigen auch langhalmige Wiesen, ev. am nächsten Tag ein zweites Mal mähen, um umgelegte Pflanzen nach dem Aufrichten auch zu erwischen, Schnitthöhe verstellbar	in größeren Gärten mit mehr als 500 m^2 Wiese
Balkenmäher	3	große, sperrige Geräte, Bäume und Sträucher hinderlich, für lang nicht gemähte Wiesen mit sehr harten Stängeln, teuer, gute Schnittqualität, Messer nur von Fachpersonal schleifbar	nur für sehr große Gärten und in der Landwirtschaft
Motorsense	–	bei sehr steilen, unzugänglichen Hängen, ähnlich zu handhaben wie ein Schnurtrimmer, arbeitet aber mit Schneidblättern, laut im Betrieb, Schutzkleidung und Helm mit Augenschutz und Gehörschutz tragen, erhöhte Verletzungsgefahr	bei Wiesen auf unzugänglichen Hängen oder Ecken
Schnurtrimmer	–	für unzugängliche Stellen und Ränder, nicht für geschlossene Flächen, laut im Betrieb, hoher Verbrauch an Nylonschnur, Helm mit Augen- und Gehörschutz tragen	bei Wiesen auf unzugänglichen Hängen oder Ecken und für Ränder

Unscharfe Messer

Beim Arbeiten mit Sichel und Sense merkt man gleich, wenn die Schneide nicht mehr scharf genug ist. Bei Rasenmähern fällt es nicht sofort auf: der Rasen wird kurz wie immer. Stumpfe oder schlecht justierte Messer schlagen den Grashalm jedoch nicht sauber ab, sondern fransen ihn aus und können ihn sogar der Länge nach aufreißen. Die Verwundung ist also um ein Vielfaches größer und die Verheilung dauert länger. Die so „misshandelten" Grashalme trocknen an der Schnittstelle weit zurück und werden braun. Es entstehen noch keine großen, braunen oder kahlen Flecken, aber der Rasen sieht insgesamt stumpf und angeschlagen statt frischgrün aus. Die Infektionsgefahr erhöht sich gleichzeitig: Größere Verletzungen und lange dauernde Verheilung lassen Pilzsporen leichter eindringen. So können durch Schnitte mit stumpfen Messern schließlich Rasenkrankheiten entstehen, vor allem dann, wenn der Rasen nicht im besten Zustand ist.

Hier sollten die Messer des Rasenmähers nachgeschliffen werden.

Zu tiefes Mähen

Gebrauchsrasen sollte 3–5 cm (Zierrasen: 1–3 cm) tief gemäht werden. Im Sommer, wenn es heiß und trocken ist, sind 5 cm Schnitttiefe besser, denn das längere Blatt bietet mehr Schatten und hilft somit, zu kühlen. Die Feuchtigkeit kann länger im Boden erhalten werden und der Rasen wird toleranter gegenüber Trockenheit sein. Tieferes Mähen als 3 cm bei Gebrauchsrasen (1 cm bei Zierrasen) schädigt die Dichtheit der Grasnarbe. Ist bei der Anlage nicht genügend auf ebenen Boden geachtet worden, rächen sich jetzt kleine Unebenheiten. Denn 3 cm Graslänge auf ebenem Boden werden auf einem Hügel, der dem Auge kaum auffällt, vielleicht zu zwei Zentimetern oder weniger. Der Rasen wird „skalpiert", zurück bleiben kahle Stellen. Abgesehen davon, dass solche Kahlstellen im dichten Rasen stark auffallen, eröffnen sie Unkrautsamen plötzlich die Möglichkeit, im offenen Boden zu keimen. Eine schnelle Sanierung (siehe Seite 49) kann das verhindern.

TIPP

Kleinere Unebenheiten können statt durch eine aufwändige Sanierung auch durch allmähliches Besanden ausgeglichen werden. Über einen längeren Zeitraum hinweg wird in die Vertiefungen mehrmals gewaschener Quarzsand oder ein Gemisch Quarzsand: Erde im Verhältnis 1:1 eingebracht. Wenn die Gräser durchgewachsen sind, kommt die nächste Lage Sand darauf, solange, bis die Rasenfläche wieder eben ist.

Vertikutieren

Mit der Zeit wird die Rasennarbe immer dichter. Aber nicht nur Grashalme und -wurzeln finden sich hier, sondern auch reichlich abgestorbenes Pflanzenmaterial, Unkräuter und Moos. Wer seinen Rasen dicht und grün haben will, muss etwas unternehmen. Beim Vertikutieren wird die zuvor sehr kurz gemähte, trockene Grasnarbe aufgerissen, der Boden im Durchschnitt drei Millimeter tief durchschnitten und der Rasenfilz gleichzeitig entfernt.

Vertikutieren (Senkrechtschneiden)

Die Geräte arbeiten mit vertikal rotierenden Messerscheiben, daher der Name.

Aerifizieren (Belüften)

Aus dem Rasen werden bis zu 20 cm lange Stoppel entfernt und die Löcher mit Quarzsand verfüllt, um Platz zwischen den Gräsern zu schaffen und sie zu neuem Wachstum anzuregen. Eine für Greenkeeper und Platzwarte bei Golf- und Sportplätzen notwendige Pflegemaßnahme, die im Hausgarten meist entbehrlich ist.

Tipp

Der beste Zeitpunkt zum Vertikutieren ist das Frühjahr bei trockener Witterung. Im Sommer könnte der verletzte Rasen allzu leicht austrocknen und im Herbst wächst er nicht mehr dicht genug zusammen – ein früher Frost kann die blank liegenden Wurzeln schädigen. Einmal längs und einmal quer über den Rasen zu vertikutieren ist ausreichend.

Um sich das mühsame Zusammenrechen des Filzes zu sparen, gibt es auch Vertikutierer mit Fangsack am Markt. Die eingesammelten Pflanzenreste können kompostiert werden.

Fallobst klauben gehört zu den ungeliebten Tätigkeiten im Garten. Doch faulendes Obst kann den Rasen darunter ersticken.

Die beschädigten Gräserwurzeln nimmt der Rasen nicht weiter übel, auch wenn er unmittelbar nach dem Vertikutieren arg mitgenommen aussieht. Wasser und Nährstoffe können aber leichter wieder in den Boden eindringen, anstatt im Filz hängen zu bleiben. Düngung und bei trockener Witterung auch ausreichende Bewässerung lassen das Gras frischgrün in die entstandenen Lücken hineinwachsen. Bei dieser Gelegenheit können kahle Stellen nachgesät werden. Für kleine Flächen bis max. 100 m^2 reichen noch ein Vertikutierrechen oder ein mit Rädern versehener Handvertikutierer. Beide Geräte erfordern einigen Kraftaufwand, wenn die Rasennarbe sehr dicht ist. Benzinvertikutierer sind kraftvoller und daher Elektrogeräten vorzuziehen. Die Geräte ähneln in Größe, Gewicht und Breite einem Rasenmäher. Höhenverstellbare Messer sind von Vorteil. Statt der kostspieligen Anschaffung für eine Ausfahrt im Jahr können die Geräte aber auch geliehen oder Fachfirmen mit dem Vertikutieren beauftragt werden. Bei Unebenheiten muss händisch mit einem Vertikutierrechen nachgearbeitet werden.

Arbeiten im Herbst

Nach den trockenen Sommermonaten erholt sich der Rasen nochmals im Herbst. Auf das letzte Mähen vor dem Winter sollte nicht vergessen werden. Es hält das Gras unter dem Schnee gesund und erleichtert den Austrieb im Frühjahr. Falllaub muss gerecht werden. Alle paar Tage einmal einen Großteil der Blätter zu entfernen ist dabei ausreichend.

Düngung

Gute Ernährung ist für einen Rasen aus unterschiedlichen Gründen wichtig. Gesunde, wüchsige Gräser erschweren das Eindringen von Unkraut und bilden eine gleichmäßigere, dichtere Rasennarbe, die mehr Strapazen standhält. Auch die meisten Pilzkrankheiten können einem wohlgenährten Rasen weniger gefährlich werden als einem hungernden.

Während ein Zierrasen sehr viel Düngung, Schnitt und Bewässerung braucht, ist ein Gebrauchsrasen in diesen Dingen ein wenig genügsamer. Düngung sollte stets mit Maß und Ziel betrieben werden. Es hat weder Sinn, durch übertriebene Ausbringung von billigen, schnell löslichen Düngemitteln den Boden und das Grundwasser mit Nitraten zu belasten, noch einen Rasen anzulegen, ihn wöchentlich zu kürzen und ihm dann jeden Nachschub an Nährstoffen zu versagen.

Anorganische und organische Düngemittel stehen zur Auswahl. Erstere sind rein synthetische Produkte, letztere werden aus lebendem Material gewonnen, wie Kompost oder Dünger auf der Basis von Meeresalgen. Sie sorgen nicht nur für reinen Nachschub an Nährstoffen, sondern regen auch das Bodenleben an und verbessern die Bodenstruktur.

Lange Zeit wirksam

Ein idealer Dünger für den Rasen setzt langsam seine Nährstoffe, allen voran den Stickstoff, frei. Denn oft gemähter Rasen braucht kontinuierliche Ernährung und keine plötzliche Mästung. Gedüngt wird zu Beginn der Wachstumsperiode, etwa Anfang April, wenn der Rasen zu wachsen beginnt. Eine zweite Langzeitdüngergabe ist im Frühsommer möglich (Juni, Anfang Juli).

Vor einer Stickstoffdüngung im Herbst sei gewarnt: Sie regt das Wachstum zu einer Zeit an, wo der Rasen eigentlich zur Ruhe kommen sollte. Er wird damit nur anfälliger für Schneeschimmel (siehe Seite 37).

Achtung: Einigen anorganischen Rasendüngern sind Moosvernichter oder Unkrautvernichter beigemischt. Vermeiden Sie unnötigen Einsatz von Pflanzenschutzmitteln.

Praktisch für die gleichmäßige Ausbringung der Nährstoffe bei Granulaten ist ein Düngewagen.

Der Rasen muss bewässert werden

Um das ganze Jahr über das frische Grün des Rasens zu erhalten, muss bewässert werden.

Eine automatische Bewässerungsanlage erspart das mühselige händische Gießen und Sie haben mehr Zeit, Ihren Garten zu genießen.

Gießkanne oder High-Tech?

Spätestens im Mai, wenn der Regen ausbleibt, müssen Sie sich um das Gießen Ihres Gartens kümmern. Blühende Staudenbeete mit der Hand zu gießen, mag eine wunderschöne Arbeit sein. Endlich hat man Muße, sich alle Pflanzen genauer anzusehen. Doch wer gießt schon gerne eine monoton grüne Rasenfläche? Eine Bewässerungsanlage, ob manuell per Knopfdruck ausgelöst oder vollautomatisch über einen Computer gesteuert, ist beim Wunsch nach einem stets saftiggrünen Rasen eine sinnvolle Investition. Eine niedrige Begrünung lässt sich über eine Beregnungsanlage optimal bewässern. Der häufig vorgebrachte Vorwurf der Wasserverschwendung ist nicht gerechtfertigt. Wer den Garten mit der Hand gießt, braucht für dieselbe Fläche mehr Wasser, weil die Ausbringung unregelmäßiger und weniger effizient erfolgt.

Die Gunst der Stunde

Bei einer Umgestaltung oder Neuplanung eines Rasens, wenn auch gröbere Erdarbeiten anfallen, ist es sinnvoll, gleich auch an die spätere Bewässerung des Gartens zu denken. Versorgungsleitungen und Regner können jetzt einfach verlegt werden. Hat man sich dazu entschlossen, eine komplette Bewässerungsanlage im Garten zu installieren, steht man vor der Frage, für welches System man sich entscheiden soll. Qualitätsunterschiede gibt es nicht nur in der Art der Verarbeitung, sondern auch beim Material selbst. Rohre und Regner aus Polyäthylen (PE) sind jenen aus Polyvinylchlorid (PVC) vorzuziehen.

Manche Hersteller bieten beim Komplettkauf einer ganzen Bewässerungsanlage die Planung nach eingereichtem Gartenplan gratis dazu an und schicken auch alle dafür benötigten Teile. Ein paar Rollen Rohre und zwei, drei Kartonschachteln, eine Arbeit für einen Nachmittag, möchte man meinen. Doch spätestens, wenn alles ausgepackt ist, wird es kompliziert. Bevor man sich jedoch in die Details vertieft, lohnt es, sich grundsätzliches Wissen über die verschiedenen Bewässerungssysteme anzueignen.

> **Tipp**
>
> *Bestellen Sie beim Kauf als Reserve je einen zusätzlichen Regner pro verwendetem Typ mit. Schellen, Kupplungen, Austauschdüsen und ein paar Meter Versorgungsleitung sollten später immer griffbereit in einem Schrank verstaut sein. Es kann leicht sein, dass ein beschädigter Regner oder ein Teil der Versorgungsleitung getauscht werden muss. Zwar ist eine Nachbestellung kein Problem, doch wenn es zu längeren Lieferzeiten kommt, ersparen Sie sich das händische Gießen und viel Ärger.*

Automatische Bewässerungsanlage

Um es gleich vorweg zu sagen: Eine automatische Bewässerungsanlage, die das ganze Jahr über den Rasen gießt, ohne dass man sich darum zu kümmern braucht, gibt es nicht. Zwar sieht man in den Prospekten diverser Firmen immer wieder den in

der Hängematte dösenden Gärtner, der dem Gras beim Wachsen zuhört, während seine Arbeit ferngesteuerte Rasenmäher und kleine Bewässerungscomputer erledigen, doch die Wirklichkeit sieht anders aus. Einmal funktioniert der Feuchtigkeitsfühler mangelhaft und die Anlage schaltet sich trotz Regens ein; ein anderes Mal bleibt der Regner in der Versenkung stecken: Immer ist etwas zu tun. Um eine Bewässerungsanlage muss man sich ebenso kümmern wie um den Garten selbst. Dabei reicht es, hin und wieder Bewässerungszeiten oder Regnerwurfweiten zu korrigieren.

Auch die Feuchtigkeit im Boden der bewässerten Flächen muss hin und wieder kontrolliert werden. In jedem Rasen gibt es Problemstellen. Extrem sonnige Bereiche, Flecken im Regnerschatten hinter Baumstämmen, wo kaum Wasser hinkommt oder schmale, lange Streifen, die nur umständlich automatisch bewässert werden können. Hier bedarf es vor allem am Anfang einigen Fingerspitzengefühls, bis die Anlage richtig eingestellt ist. Alles in allem jedoch ist eine automatische Bewässerungsanlage eine elegante, dauerhafte, effiziente und Zeit sparende Lösung, verglichen mit den unpraktischen Schlagpendel- oder Schwenkregnern.

Grüner Rasen: Versenkregner

Für einen gleichmäßig bewässerten Rasen hat sich, unabhängig vom System, der Getriebeversenkregner als Standard durchgesetzt. Schaltet man die Anlage ein, so steigt der Regner durch den Wasserdruck aus seinem versenkten, zylindrischen Gehäuse auf. Ein wassergeschmiertes Getriebe dreht die Düse im Kreis, je nach Wunsch können 360° oder ein Teil davon eingestellt werden. Manche Hersteller bieten auch Regner an, die nur ein fixes Segment bewässern.

Es gibt verschiedene Aufstiegshöhen. Die unterschiedliche Wurfweite und Wasserausbringung hängt in erster Linie vom Düseneinsatz ab. Gute Regner verfügen über 6 oder mehr verschiedene Düsen, die nach Bedarf getauscht werden können. Die Feineinstellung erfolgt bei vielen Regnertypen über eine Justierschraube. Sie besteht im Wesentlichen aus einer vertikal nach unten zu drehenden Schraube, die den gebündelten Wasserstrahl mehr oder weniger ablenkt, um seine Wurfweite zu verringern.

Nach dem Ende der Bewässerung und dem Abschalten der Zuleitung sinkt der Druck im Rohr, und der Regner verschwindet wieder von selbst unter die Rasenoberfläche. Er fällt im Rasen nicht weiter auf und behindert auch das Mähen nicht. Für den Hausgarten wurden Regner mit einem Betriebsdruck von 2,5 bar und 4 bar entwickelt. Die Wurfweiten bewegen sich zwischen 7 und 18 m und einem Wasserauswurf von 500–4.000 l in der Stunde.

Der kleine Bruder: Versenksprüher

Versenksprüher sind ideal zum Bewässern kleinerer Rasenflächen in Reihenhäusern, Stadtgärten und Kleingartensiedlungen. Der Sprüher hebt sich ebenfalls unter Wasserdruck aus der Versenkung, der Düsenkopf bleibt aber starr und dreht sich nicht. Ihre Wurfweite beträgt nur etwa 2–6 m bei einer Auswurfmenge zwischen 100 und 800 l pro Stunde. Die Feineinstellung der Wurfweite lässt sich per Hand mit einem Schraubenzieher und vor allem

durch den Einsatz verschiedenster Düsen korrigieren. Es gibt unter anderem Viertelkreis-, Halbkreis-, Dreiviertelkreis-, Vollkreis- oder per Hand einzustellende Flachsprühdüsen.

Bau einer Bewässerungsanlage

Zuleitung und Druckmessung

Vor der Montage einer Bewässerungsanlage sollten Sie unbedingt durch eine Fließdruckmessung den Wasserdruck der Hausleitung mit einem Manometer überprüfen lassen. Reicht der vorhandene Wasserdruck für die Inbetriebnahme der Regner aus? Nur bei genügend Wasserdruck, er liegt bei den meisten Getriebeversenkregnern für den Garten zwischen 2,5 und 4 bar, sind die Regner voll funktionstüchtig. Ist der Druck zu gering, müssen Sie sich eine Zisterne aus Brunnenschachtringen bauen und darin eine automatische Nachfüllanlage und eine Pumpe installieren, um den benötigten Wasserdruck zu erzielen. Ist der Druck zu hoch, muss man einen Druckminderer einbauen lassen, damit nicht auch der Garten des Nachbarn mitgegossen wird.

TIPP

Erkundigen Sie sich vor dem Kauf einer Bewässerungsanlage nach möglichen Alternativen und wägen Sie die Vor- und Nachteile der verschiedenen Systeme ab, denn die qualitativen Unterschiede in der Verarbeitung und in den Ausbaumöglichkeiten sind groß. Die billigste Variante muss auf Dauer nicht die günstigste bleiben, wenn Sie alle paar Jahre einen defekten Computer oder Regner tauschen müssen.

Schritt 1: Planung und Bestellliste

Hat man einen genauen Grundrissplan des Gartens, so lässt sich ein maßstabsgetreuer Bewässerungsplan zeichnen. Mit einem Zirkel teilen Sie die Fläche in Voll-, Halb- oder Viertelkreise auf, achten Sie dabei auf ausreichende Überschneidung. Kleinere, schmale Streifen werden am besten mit in Verbund gesetzten 180°-Versenksprühern bewässert. Der Regner sollte bei Geländeuneben-

Bewässerungsplan mit großen Versenkregnern und kleinen Versenksprühern

heiten von mehr als 15 cm bei einem Umkreis von einem halben Meter immer auf den höchsten Punkt gesetzt werden, da sonst sein Wirkungskreis beeinträchtigt wird.

Die Planung kann aber auch vor Ort durchgeführt werden. Um den Bedarf an Regnern und Regnertypen feststellen zu können, schreitet man den künftigen Rasen inklusive aller zu bewässernden Flächen wie z.B. angrenzende Bodendeckerpflanzungen unter Bäumen mit Pflöcken und Maßband ab und teilt sie in Voll-, Halb- oder Viertelkreise auf. Bei verstellbaren Getriebeversenkregnern erleichtern die variablen Segmente eine genaue Planung. Eingeschlagene Holzpflöcke markieren die Regnerpositionen. Mit Erde oder Kalk und Maßband lassen sich die Kreise je nach Wurfweite des eingeplanten Regners gut anzeichnen. Am besten schreiben Sie die Bestellliste während des Vermessens und listen auch alle für die Montage benötigten Verbindungsstücke und Schellen gleich mit auf.

Haben Sie alle Regnerpositionen festgelegt und markiert, so müssen Sie jetzt den Verlauf der Versorgungsleitung anzeichnen. Pro Zuleitung sollten nicht mehr als drei Versenkregner angeschlossen werden, da sonst der Wasserdruck an den einzelnen Regnern nicht mehr für ihre volle Funktionstüchtigkeit ausreicht. Lange Zuleitungen vermindern den Wasserdruck im Rohr ebenfalls, sodass notfalls nur mit zwei Versenkregnern pro Versorgungsleitung gerechnet werden muss. Ein Verteiler nach der Hauswasserleitung ermöglicht es, verschiedene Kreise zu den Regnern zu verlegen. Schreiten Sie die einzelnen Kreise ab und ermitteln Sie mit dem Maßband den Bedarf an Leitungen zuzüglich 10 %.

Schritt 2: Graben und Verlegen der Versorgungsleitungen

Ein 30 cm tiefer Graben reicht aus, um die Leitung vor Beschädigungen durch eine Fräse oder zum Beispiel das Setzen von Blumenzwiebeln zu schützen. Am besten graben Sie mit dem Spaten vom Verteiler weg entlang einer Hausmauer oder eines Zaunes zu den einzelnen Regnerpositionen. Entlang solcher markanten Linien können Sie die Leitungen auch nach Jahren dank einer einfachen Handskizze wiederfinden und Veränderungen oder Reparaturen vornehmen. Die Leitungen haben gewöhnlich einen

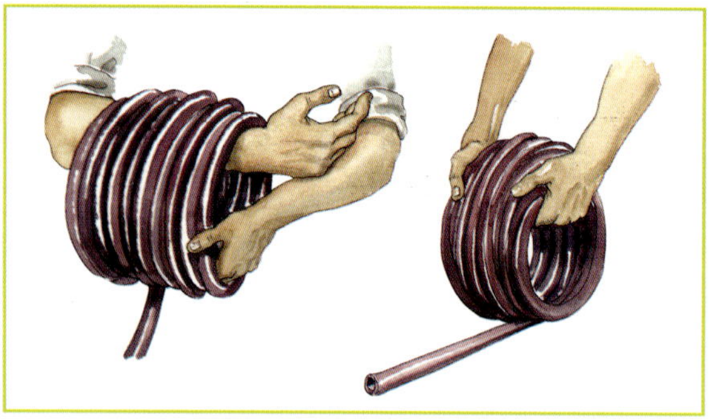

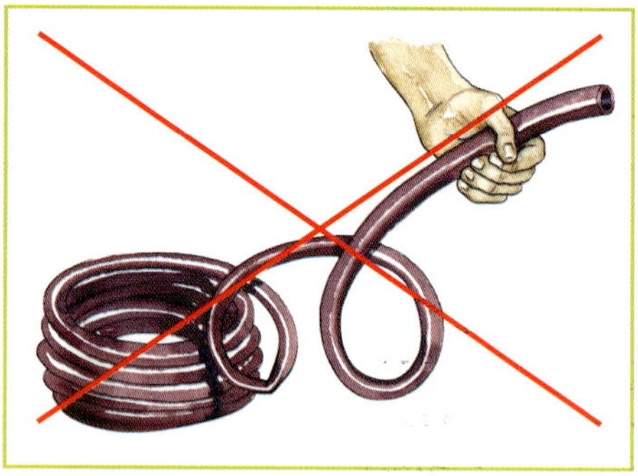

Richtiges Ausrollen der wenig elastischen Versorgungsleitung

Durchmesser von 3/4 Zoll, bestehen aus Kunststoff und sind in Rollen im Handel erhältlich.

In den Gräben wird nun die Versorgungsleitung an einem Ende provisorisch mit ein paar Schaufeln Erde fixiert und Schritt für Schritt abgerollt. Bei mehreren Rohren in einem Graben kennzeichnen Sie jedes Rohr eines Kreises am Anfang und bei jeder Abzweigung mit einem farbigen Klebeband. Damit vermeiden Sie eine Verwechslung der einzelnen Kreise. Es sollten auch keine zu engen Kurven gegraben werden, da die Rohre knicken können. Die Enden aller Leitungen müssen mit einem Fitting und einer Endkappe abgedichtet werden. Am tiefsten Punkt der Versorgungsleitung wird ein automatisches Entleerventil eingebaut, das bei abfallendem Wasserdruck öffnet, damit das verbleibende Wasser aus der Leitung fließen kann. Frostschäden können somit vermieden werden.

Schritt 3: Regner anschließen

Von der Versorgungsleitung wird mit einem T-Stück eine Stichleitung zum Regner in einem Graben verlegt. Mit einer Gartenschere lassen sich die Rohre leicht durchtrennen. Das Montieren der Verbindungsstücke bedarf einer gewissen Kraftanstrengung, da ihr Durchmesser

Regner anschließen

Beim abgebildeten Bewässerungssystem wird die Abzweigung von der Hauptversorgungsleitung zum Regner mit einer Anbohrschelle hergestellt. Nach deren Montage wird mit einem 10mm-Bohrer eine Verbindung geschaffen.

Ein Anschlusswinkel (3/4 Zoll auf 16 mm Durchmesser reduziert) wird mit einem Teflonband abgedichtet.

Anschlusswinkel wird in Anbohrschelle eingeschraubt.

Die Versorgungsleitung wird an den Anschlusswinkel angesteckt und mit Rohrhalteschellen fixiert.

Am anderen Ende wird der Getriebeversenkregner ebenfalls mit Anschlusswinkel und Rohrhalteschellen montiert.

Das Automatische Entleerungsventil wird an der tiefsten Stelle mit einer Anbohrschelle an der Hauptversorgungsleitung befestigt.

zwecks Dichtheit eng bemessen sein muss. Mehrmaliges Hin- und Herdrehen erleichtert die Arbeit. Der Regner selbst wird mit einem L-Stück an die Stichleitung angeschlossen. Für alle Abdichtungen von Kunststoff-Schraubgewinden sollte ausschließlich Teflon verwendet werden. Das Teflonband muss in Gewinderichtung, also im Uhrzeigersinn, gut 10 mal um das Gewinde gewickelt werden. Alle Gewinde dürfen nur mit der Hand und keinesfalls mit einer Rohrzange festgezogen werden. Durch Zurückdrehen des Gewindes, wenn auch nur geringfügig, wird es wieder undicht und muss neuerlich aufgeschraubt und mit einem neuen Teflonband versehen werden. Beim Einbau aller Versenkregner und -sprüher ist es wichtig, 5–10 l Schotter oder Kies als Dränage und zur Stabilisierung rund um den Regner einzubringen. Nach dem Abschalten des Regners kann das überschüssige Wasser im Gehäuse rasch durch die vorgesehenen Ablauföffnungen in den Boden sickern.

Schritt 4: Bau des Verteilers
Herzstück der Anlage ist der Verteiler. Ob manuell mit Kugelhähnen ein- und auszuschalten oder mit computergesteuerten Magnetventilen versehen, bildet er das Zentrum jeder Anlage. Hier fließen alle Kreise zusammen und können einzeln bedient werden. Der Verteiler muss im Winter, wenn er nicht im Keller montiert ist, komplett entleert werden, da es sonst zu Frostschäden kommt. Es gibt eigens dafür konstruierte Schachtboxen, deren Deckel eben mit der Erde abschließen.

Die Hersteller bieten verschiedene vorgefertigte Rohrsysteme an. Fast alle Systeme arbeiten bei den Rohrverbindungen mit Fittings. Wichtig dabei ist, dass sie rechtwinkelig abgeschnitten und das Fitting dabei frei von Kratzern und Verunreinigungen wie Erde oder Sand ist. Die Mutter des Fittings muss gelockert und das Rohr nach Überwindung eines Widerstandes bis zum Anschlag, dem O-Ring, hineingeschoben werden. Danach wird die Mutter mit der Hand und ohne Rohrzange angezogen.

Einbau eines Getriebeversenkregners

Getriebeversenkregner wurde an Versorgungsleitung angeschlossen.

Ein in Regnerlänge abgesägtes Polycalrohr (10 cm Durchmesser) wird über den Regner geschoben.

Kies zur Dränage und Stabilisierung des Regners wird ins Rohr geschüttet.

Der Regner muss in gleicher Höhe mit dem künftigen Rasen stehen.

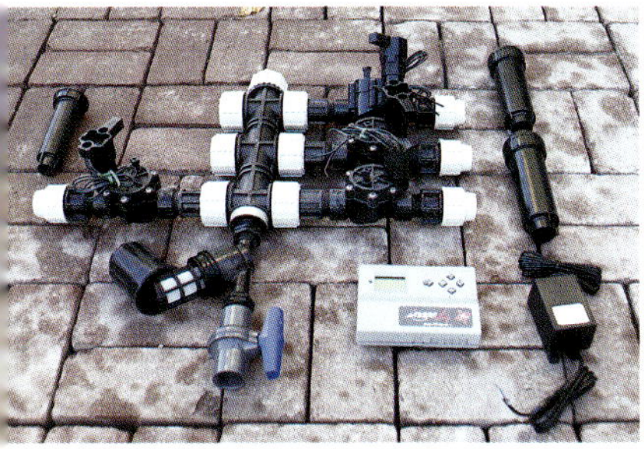

Im Verteiler eingebaut: 4 Magnetventile für vier separate Kreise, 1 Filter, 1 Kugelhahn, daneben: 1 Bewässerungscomputer, 24 V-Trafo und Getriebeversenkregner

Versenksprüher mit Filtereinsatz und Düse

Mit einer Feineinstellschraube kann die Wurfweite bei diesem Regnertyp korrigiert werden.

Schritt 5: Düsensätze montieren und Anlage einstellen
Es ist sinnvoll, vor dem Zuschütten aller Leitungen und Regner die Anlage kurz auf ihre Dichtheit zu überprüfen. Dazu drehen Sie die Kreise der einzelnen Regner auf und kontrollieren alle Verbindungsstücke, Regner und die Leitungen selbst auf mögliche undichte Stellen. Nach dem Verfüllen der Gräben und Einbetten der Regner in Schotter sind die vorgesehenen Düseneinsätze zu montieren. Für die Einstellung der einzelnen Segmente und die genaue Abstimmung der Wurfweiten brauchen Sie Fingerspitzengefühl, Geduld und viele Versuche.

Tipp

Bevor Sie die Düsensätze montieren, sollten Sie alle Rohre und Regner durch kurzes Einschalten der Anlage bei abgeschraubten Endkappen noch einmal durchspülen. Verunreinigungen in den Leitungssystemen, die bei der Montage leicht entstehen können, werden einfach herausgespült, und die Düsen können sich nicht verstopfen. Das Gewinde des Endfittings wird mit einem Teflonband abgedichtet und die Endkappe einfach wieder aufgeschraubt.

Einsatz von Computern

Über einen Bewässerungscomputer ist es möglich, Zeitpunkt und Dauer der Beregnung durch die einzelnen Kreise vorzuprogrammieren. Magnetventile, die im Verteiler eingebaut und mit dem Computer über Steuerungskabel verbunden sind, schalten die Anlage ein und aus. Dabei können jene Regner, die einen eher schattigen Teil des Gartens bewässern und zu einem Kreis zusammengeschlossen worden sind, auf kürzere Bewässerungszeiten eingestellt werden als andere Kreise in voller Sonne. Der Computer sollte am besten im Haus montiert werden, wo er vor Sonne, Frost und Feuchtigkeit geschützt und ein Stromanschluss leicht herzustellen ist. Um zu vermeiden, dass sich die Anlage auch bei Regenwetter einschaltet, haben sich die Herstellerfirmen einiges einfallen lassen. Die einen

setzen auf Feuchtigkeitsfühler: ein wassergefüllter Tonkegel, den man in die Erde steckt. Er sollte an einer repräsentativen (nicht zu sonnigen, nicht zu schattigen) Stelle im Garten in die Erde gesteckt werden. Bei mit Wasser übersättigtem Boden setzt die Bewässerung aus. Andere Hersteller schwören auf Regenmesser. Ein Sammelbehälter schaltet bei Erreichen einer vorher eingestellten Niederschlagsmenge die Anlage aus. Er sollte regner- und windgeschützt unter freiem Himmel montiert werden und nicht über längere Zeit direkter Sonneneinstrahlung ausgesetzt sein. Eine absonnige Mauer wäre zum Beispiel eine solche Stelle. Wenn vom Hersteller vorgesehen, kann man Bodenfeuchtigkeitsmelder und Regenmessgerät auch kombinieren.

Wartung

Unsere Erfahrungen zeigen, dass man eine Bewässerungsanlage, wie von Firmen oft beworben, nicht einfach nur zu montieren braucht und sich danach um nichts mehr kümmern muss. Schwierigkeiten treten gerade am Anfang auf. Mängeln, Schäden oder Funktionsstörungen muss man auf den Grund gehen. Nicht selten kommt es durch schlampige Verarbeitung (schlecht abgedichtete Rohre) zu einem undichten Leitungssystem oder verstopften Filtern, weil Schmutz in die Rohre gelangt ist. Schäden am Rasen und eine hohe Wasserrechnung können die Folge sein.

Auch eine flächendeckende, gleichmäßige Bewässerung bedarf kontinuierlicher Kontrolle, um die einzelnen Segmente der Regner genau einzustellen. An manchen Stellen bilden sich anfangs Pfützen, andere bleiben trocken. Es dauert eine Weile, bis man die Tücken seiner Anlage kennt und sie auch selbst in den Griff bekommt. Schließlich ist ein Urlaub, während dessen die Bewässerung einem Computer überlassen wird, auch eine Frage des Vertrauens in die Technik.

> **TIPP**
>
> *Häufig wird der Fehler begangen, nach dem Installieren einer Bewässerungsanlage den Rasen zu viel zu gießen. Pilzerkrankungen, Auswaschung der Nährstoffe und stauende Nässe können den Rasen nachhaltig schädigen. Weniger häufige und längere sind besser als kleine, häufige Wassergaben.*

Einwinterung

Wurde ein automatisches Entleerventil sachgemäß in jeden Kreislauf am tiefsten Punkt eingebaut, so schließen Sie einfach das Hauptventil und bringen den Bewässerungscomputer in OFF-Stellung. Die Rohre entleeren sich automatisch. Generell müssen alle Leitungen, Regner und Ventile im Winter wasserfrei sein, da es sonst zu Frostschäden kommen kann. Wurde kein Entleerventil eingebaut, so wird zunächst ebenfalls das Hauptventil geschlossen. Nach dem Anschließen eines kleinen Baukompressors mit einer Luftleistung von etwa 4–6 bar am vorher geöffneten Gewinde des Kugelhahnes wird Kreis für Kreis durch das Einschalten des jeweiligen Magnetventiles das Wasser aus den Leitungen über die Regner ausgeblasen. Danach wird der Bewässerungscomputer ebenfalls OFF geschaltet.

Fachinstitute für Bodenuntersuchungen

Deutschland

Landwirtschaftliche Untersuchungs- und Forschungsanstalt
Siebengebirgstr. 200
53229 Bonn

Bayrische Hauptversuchsanstalt für Landwirtschaft der Technischen Universität München
Alte Akademie 10
85350 Freising-Weihenstephan

Bayrische Landesanstalt für Bodenkultur und Pflanzenbau
Vöttingerstr. 38
85354 Freising

Landwirtschaftliche Untersuchungs- und Forschungsanstalt
Finkenborner Weg 1A
31787 Hameln

Staatliche Lehr und Versuchsanstalt für Weinbau und Gartenbau
Fachbereich für Bodenkunde
Egbertstr. 18 bis 19
54295 Trier

Österreich

Bundesamt und Forschungszentrum für Landwirtschaft
Spargelfeldstr. 191
1220 Wien

Schweiz

Eric Schweizer Samen AG
Postfach 150
CH-3602 Thun

Bezugsquellen für Blumenwiesen-Saatgut

Voitsauer Wildblumensamen
DI Karin Böhmer und Astrid Dengscherz
A-3623 Voitsau 8
Tel. & Fax +43/2873/7306
E-Mail: wildblumensaatgut@utanet.at

Naturgarten
The Wild Flower Company
Andreas Lechnerstr. 5
A-1140 Wien
Tel. & Fax +43/1/9791798
E-Mail: office@naturgarten.at
Internet: www.naturgarten.at

Rieger-Hofmann GmbH
In den Wildblumen 7
D-74572 Blaufelden-Raboldshausen
Tel. +49/7952/5682
Fax +49/7952/6509
E-Mail: info@rieger-hofmann.de
Internet: www.rieger-hofmann.de

Syringa Samen
Dipl. Biol. Bernd Dittrich
Bachstr. 7
D-78247 Hilzingen-Binningen
Tel. +49/7739/1452
Fax +49/7739/677
E-Mail: info@syringa-samen.de
Internet: www.syringa-samen.de

Hof Berg-Garten GbR
Grossherrischwand
Lindenweg 17
D-79737 Herrischried
Tel. +49/7764/239
Fax +49/7764/215
E-Mail: hof-berggarten@t-online.de
Internet: www.hof-berggarten.de